入門テキスト

はじめての
情報 メディア
コミュニケーション
リテラシー

柴岡信一郎 [監著] 渋井二三男 山下聖美 伊藤景 髙野和彰 李容旭 名手久貴 近藤健史
坂上宏 友村美根子 大石隆介 神崎龍志 中井延美 [共著]

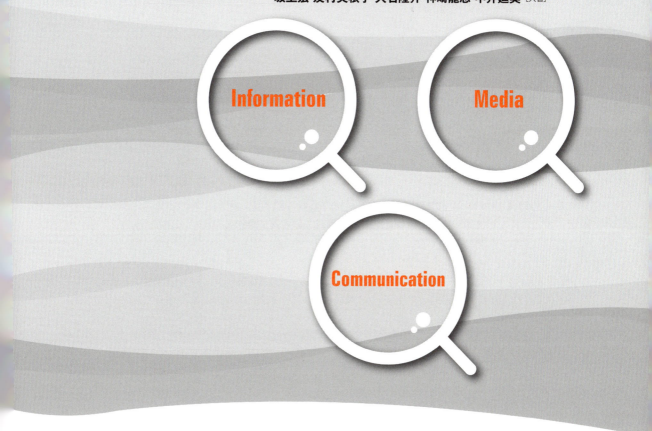

Information　Media　Communication

技術評論社

本書は2019年4月時点での最新情報をもとに執筆されています。アプリケーションやWebサイト、Webサービスなどはその後、画面や表記が変更されている可能性があります。

- MicrosoftおよびWindowsは米国Microsoft Corporationの米国およびその他の国における登録商標または商標です。
- Microsoft Office、Microsoft Excel、Microsoft PowerPoint、Microsoft Wordは、Microsoft Corporationの商標または登録商標です。
- Google、Googleのロゴ、Android、Androidのロゴ、Google Play、Google Playのロゴは、Google Inc.の商標または登録商標です。
- Twitterは、Twitter,Inc.の商標または登録商標です。
- Facebookは、Facebook,inc.の登録商標です。
- その他の本書に記載されている商品・サービス名称等は、各社の商標または登録商標です。
- 本文中では®、™マークを明記しておりません。

はじめに

　文部科学省中央教育審議会は2016年、「社会・経済の変化に伴う人材需要に即応した質の高い専門職業人養成のための新たな高等教育機関の制度化」について答申しました。その中で、「生産・サービスの現場で中核的な役割を担う人材等」、「その専門性をもって、自ら事業を営み、又はこれを補佐する人材」の養成が期待されるとしています。これらの背景には、人口統計の推移や人工知能の発達などによる産業構造の変化を踏まえた成長分野での人材養成が急務である事情があります。

　本書はこれら成長分野での人材にとって必要なリテラシーを学べる作りとしました。物事を前後左右から見る視点、物事を判断するにあたり必要な情報の取り方、物事を良い方向に導く方法論と事例などを並べ、読者が実践的なワークショップ方式で学べるもの、自身の職務・職種に置き換えて活用できるものを含みました。

　本書の読者としては主に大学生、専門学校生、若い社会人を想定しています。読者が本書で情報、メディア、コミュニケーションのリテラシーを習得し、羽ばたいていくことを願っています。

　また、教員・指導者の皆さんが、より良い教務の一助として本書を活用いただければ幸いです。

　最後に、本書の制作にあたり、技術評論社社長片岡巌様、編集部渡邉悦司様、販売促進部松井竜馬様に深く感謝申し上げます。

柴岡信一郎

目次

はじめに ... 3

1章 キャリア形成とコミュニケーション

- 1-1 キャリアの行程 ... 10
- 1-2 就活対策と社会常識の結び付き ... 11
  - ❶ 分け隔てない対応 ... 12
  - ❷ 採用担当者の声 ... 12
  - ❸ 面接、書類選考 －自己PR－ ... 14
  - ❹ 面接、書類選考 －会話－ ... 14
- 1-3 伸びる社会人、伸び悩む社会人
  －直面するコミュニケーション事例 ... 17
- 1-4 リーダーシップ ... 18
- 1-5 人前での話し方 ... 19
  - ❶ 雑音の排除 ... 19
  - ❷ "間" ... 19
  - ❸ 箇条書き話法 ... 20
  - ❹ キャッチフレーズ ... 20
  - ❺ 結論を最初に ... 21
  - ❻ 体の動き ... 21
  - ❼ 声 ... 21
  - ❽ 視線合わせ ... 21
  - ❾ 表情 ... 22
  - ❿ まずは表現 ... 22

2章 社会に必要な情報セキュリティ

2-1 ビジネスコミュニケーションからみたコンピュータのしくみ … 24
2-1-1 コンピュータのしくみ … 24
2-1-2 ハードウェアの基礎知識 … 25
- 1 パソコンのしくみ … 25 ／ ● 2 パソコン本体 … 27 ／ ● 3 補助記憶装置 … 28

2-1-3 ソフトウェアとは … 30
- 1 ソフトウェアのしくみ … 30 ／ ● 2 オペレーティングシステムとは … 32 ／
- 3 ソフトウェアのライフサイクル … 34

2-1-4 データとは … 37
- 1 データの表現方法 … 37 ／ ● 2 データの分類 … 40 ／
- 3 複雑な構造をもったデータ … 41

2-2 ビジネスコミュニケーションからみたSNS … 44
2-2-1 SNSとは？ … 44
2-2-2 Twitter … 44
2-2-3 facebook … 46

2-3 社会に必要な情報セキュリティ … 49
2-3-1 落とし穴に陥らないために … 49
- 1 金庫とコンピュータ … 49 ／ ● 2 ハッカー … 49 ／ ● 3 ハッカーとクラッカー … 50

2-3-2 脅威と被害 … 51
- 1 たくさんの脅威 … 51 ／ ● 2 ウィルスの被害 … 51 ／
- 3 ウィルス感染経路とその対策 … 52

2-3-3 セキュリティ技術 … 52
- 1 安全のための防壁ファイアウォール … 52 ／ ● 2 ウィルス対策ソフト … 53 ／
- 3 もっと安全に … 55

2-3-4 常時接続のセキュリティ … 55
- 1 ブロードバンドの落とし穴 … 55 ／ ● 2 IDSで監視 … 56

2-3-5 自分の身は自分で守る … 57
- 1 ファイアウォールの限界 … 57 ／ ● 2 個人のセキュリティ意識 … 57 ／
- 3 パスワード管理 … 58 ／ ● 4 著作権侵害 … 58

3章
ビジネスマンの心得・心構えとしての ビジネスコミュニケーション

3-1 ビジネスコミュニケーションからみた 社会人・学生の心得リテラシー …… 60
- **3-1-1** 社会人に必要な"ほうれんそう" …… 60
- **3-1-2** 社会人と学生の相違 …… 66
- **3-1-3** 市場の変化についての流れ図 …… 69
- **3-1-4** 学生と社会人の相違 …… 73

3-2 ビジネスコミュニケーションからみた "手段と目的"と"必要な5つのS" …… 76
- **3-2-1** 手段と目的の違い …… 76
- **3-2-2** 学生と社会人の相違の視点から、ビジネスコミュニケーションに必要な5つのS …… 81

4章
文学と漫画から学ぶ コミュニケーション力

4-1 林芙美子の文学に描かれる多文化コミュニケーション …… 88
- **4-1-1** 多種多様を求めて …… 88
- **4-1-2** ロシア体験からみる多文化コミュニケーション …… 89
- **4-1-3** インドネシア体験からみる多文化コミュニケーション …… 90
- **4-1-4** コミュニケーションから文学へ …… 92

4-2 マンガとグローバルコミュニケーション …… 94
- **4-2-1** マンガに描かれるグローバルコミュニケーションについて …… 94
  - マンガの特性 …… 94
- **4-2-2** 「サイボーグ009」にみられるグローバルコミュニケーション …… 95
  - 石ノ森章太郎について …… 95 / マンガ「サイボーグ009」について …… 96
- **4-2-3** マンガの可能性 …… 98
  - マンガで描くことのメリット …… 98 / まとめ …… 98

目次

4-3 コナン・ドイルの文学にみるコミュニケーション手法 ─ 100
- **4-3-1** コミュニケーションにおける「雑談」の役割と型 ─ 100
- **4-3-2** シャーロック・ホームズ作品に描かれる「観察」という手法 ─ 101
- **4-3-3** 多文化コミュニケーションにおける「観察」と「雑談」への期待 ─ 104

5章
映像とコミュニケーション

5-1 映像の特徴とコミュニケーション ─ 108
- **5-1-1** 映像は記録 ─ 108
- **5-1-2** 映像は視覚情報の記録 ─ 109
  - ●ある時空間の記録：記録性 ─ 110 ／ ●意図的に構成による作者の意思の伝達 ─ 110
- **5-1-3** 映像は視覚情報の動き（時間）の記録 ─ 110
- **5-1-4** 映像は意識的な動き（時間）の記録 ─ 112

5-2 映像表現とコミュニケーション ─ 114
- **5-2-1** 映像コミュニケーションとは ─ 114
- **5-2-2** 映像コミュニケーションの実践 ─ 115

5-3 VR映像とコミュニケーション ─ 117
- **5-3-1** 様々なVR映像 ─ 117
- **5-3-2** 視覚情報の基礎 ─ 118
- **5-3-3** VR映像から得られる視覚情報1「視点移動による情報」 ─ 121
- **5-3-4** VR映像から得られる視覚情報2「能動的運動視差」 ─ 123
- **5-3-5** VR映像から得られる視覚情報3「オプティカル・フロー」 ─ 124
- **5-3-6** VR映像のコミュニケーション ─ 125

6章
若者文化とコミュニケーション
─サブカルチャーと宮沢賢治を例に

6-1 若者と文化 ─ 128
- **6-1-1** 文化の創造者・伝達者としての若者 ─ 128
- **6-1-2** 現代の若者たちの特徴とコミュニケーション ─ 130

6-2 現代のサブカルチャーとコミュニケーション ... 133
- 6-2-1 コミュニケーションツールとしてのサブカルチャー ... 133
- 6-2-2 若者へのメッセージとしてのサブカルチャー ... 135

6-3 若者を取り巻く多様化するサブカルチャー ... 139
- 6-3-1 多様化するサブカルチャー ... 139
- 6-3-2 サブカルチャーとしての宮沢賢治 ... 141

6-4 流動化する人間関係に生きる若者とコミュニケーション ... 144
- 6-4-1 キャラ化する若者たち・キャラクターを読む若者たち ... 144
- 6-4-2 「つながり孤独」と若者たち ... 147

7章 国際的コミュニケーション能力の重要性 －次世代の日本を強くするには？

7-1 国際的に通用できる人間になるには －薬理学者として ... 150
- 人脈の形成の必要性 ... 150 ／ 自分の得意分野を見つける ... 150 ／
- アイスブレークから始まる人脈の形成 ... 151 ／ 出会いの不思議さ ... 151 ／
- コラボの必要性 ... 152 ／ 成功するための心構え ... 152

7-2 コミュニケーションの原型は細胞間・臓器間でもみられる －分子生物学者として ... 153
- 細胞間・臓器間コミュニケーション ... 153 ／ コミュニケーションの意義 ... 155

7-3 国際社会を生き抜くためのコミュニケーション －経済学者として ... 156
- 日本人はコミュニケーションが苦手？ ... 156 ／ 留学で得るものは何か？ ... 157 ／
- マーケティングとコミュニケーション ... 158

7-4 通訳という仕事のやりがいと厳しさ －中国語通訳者として ... 159
- 通訳のふたつの形式と種類 ... 159 ／ 通訳者に必要なスキル ... 160 ／
- 通訳の仕事を受ける流れ ... 160

7-5 日本語の母語話者としての力を伸ばす －ことばの研究者として ... 161
- 母語とは何か ... 161 ／ 母語は精神そのもの ... 161 ／ 言語運用のメカニズム ... 162 ／
- 国際的コミュニケーション能力と母語の関わり ... 164

索引 ... 165

1章

キャリア形成とコミュニケーション

1章 キャリア形成とコミュニケーション

1-1 キャリアの行程

　近年、キャリアデザイン、キャリア形成、キャリア教育など、漠然としたニュアンスで使われる「**キャリア**」という言葉ですが、定義としては「**職業・技能上の経験、経歴**」とされます。

　高校や専門学校、大学では**キャリア教育**という名のもとに、様々な演習授業や業界で活躍するゲスト講師による講義が行われています。

　就職活動を行う学生は、答えのない「キャリア」というキャッチフレーズと向き合いながら将来の展望を考えます。

　社会人の転職市場では**キャリアアップ**、**キャリアデザイン**といったキャッチフレーズが飛び交い、多くの社会人が自分の見つめ直しを喚起されています。

　これらの漠然とした「キャリア○○」ですが、要は**自分にふさわしい仕事**を**自分らしく取り組む**ための方策や計画です。出世、収入、地位、ステータスなども、人によっては大切な要素ですが、自分にふさわしい、自分らしさを前面にして考えることが、最適な仕事に出会える、最適な仕事を作り出せる近道です。

　もっとも、現実には新卒者が就職してすぐに自分にふさわしい、自分らしい仕事に出会えることは稀です。まずは社会人としてスタートして、人脈を作り、経験を積むことで実力をつけ、その後、結果として自分にふさわしい、自分らしい仕事をつかみ取ることが可能です。よって、新卒者が就職してすぐに自分にピッタリな仕事に就く必要は必ずしもないのかもしれません。

　また、どのような組織にも「○ヵ年計画」といった展望、計画があるのと同様に、キャリアでは焦る必要はありませんが、計画立てて**戦略的に進める**必要はあります。キャリアは会社や他人が作ってくれるものではなく、自分で計画的に作るものです。

　さて、キャリアを考えるにあたり、その考え方は学生、新卒者、若手社会人、ミドル層、管理職、定年退職者によって異なります。本稿ではこれら全てのカテゴリーで共通して必要とされる「**コミュニケーション**」をテーマとします。皆さんのより良いキャリアに向けて考えていきましょう。

1章 キャリア形成とコミュニケーション

1-2 就活対策と社会常識の結び付き

　大学生は3、4年次の就職活動にあたり、その対策、すなわち「**就活対策**」を講じます。大学内外で行われるセミナー、対策本などで就活対策のイロハを学ぶことが多いでしょう。

　これらの就活対策は就職するための施策でありますが、同時に一般社会での「**社会常識**」にも当てはまるものです。就活対策と社会常識は同一のものであり、よって、就職対策を学べば、社会常識も学べることとなります。

　実社会では、能力はあるものの、社会常識の不足からキャリア形成上、損をしている社会人が少なくないのが現実です。キャリアで損をすることのないように、本稿では**就活対策の要点と事例**を紹介し、読者の皆さんの学びの機会とします。

　はじめに、「スポーツ」を例に考えてみましょう。スポーツに何かしらの形で携わる仕事、「**スポーツの仕事**」にはどのような職業、職務があるでしょうか。例えば、下記のものが挙げられます。

スポーツに関係する仕事

指導者	トレーナー	団体職員	行政職員	販売員
チーム職員	営業マン	エージェント	弁護士	プロアスリート
広告業	マスコミ	ライター	評論家	建設業	研究者

　例を挙げると多岐に渡りますが、これらの「スポーツの仕事」で共通しているのは**コミュニケーション能力の高さ**の必要性です。コミュニケーション能力が高ければ活躍でき、乏しいと活躍は難しいでしょう。いくら腕（能力）が良く（高く）ても、コミュニケーション能力が乏しい人のもとに顧客（受注）は集まらないのが現実です。専門知識、技術は必要ですが、やはり仕事は**人対人**によって成り立ちますので、活躍の有無はコミュニケーション能力の有無に直結するのです。これはどの仕事でも同じです。

　では、ここで言うコミュニケーション能力とはどのようのものでしょうか。「コミュニケーション」の定義は「社会生活を営む人間が互いに意思や感情、思考を伝達し合うこと。言語・文字・身振りなどを媒介として行われる」（デジタル大辞泉より）とされています。

1章 キャリア形成とコミュニケーション

ここでは次のキーワードを念頭にしつつ、就職活動での様々な場面を想定したコミュニケーションについて考えてみましょう。

- 表現力
- 人から好かれる、応援される能力
- 協調性
- 前向きな姿勢

❶ 分け隔てない対応

就職活動では採用決定に向けて、合同説明会、個別説明会、1次、2次選考、最終選考といった工程が多いでしょう。受験者はこれらの工程でその都度、企業の採用担当者と接触をします。その際、念頭にすべきことの一つに、これらの採用担当者が全て「繋がって」、連携、連動していることが挙げられます。すなわち、採用選考において、採用担当者Aさんの評価は採用担当者Bさん、Cさんにも共有されるのです。採用担当者間では次のような共有がなされます。

Aさん　「先ほどの学生さん、面接ではいかがでしたか？」
Bさん　「挨拶もできて感じの良い学生さんでしたよ」
Cさん　「私もそう思いました」
Aさん　「なるほど。誰にでも好印象を与える人材のようですね」

したがって、就職活動では採用担当者を含め、接触する人、全てに**分け隔てなく**接することを心がけましょう。具体的には接触する人を、この人は「重要な人」だからしっかりと対応する、この人は「重要ではない人」だからしっかりと対応しなくてもよい、といった分け隔てをしないことです。

❷ 採用担当者の声

ここでは採用担当者の意向について考えてみます。採用選考にあたり、総合職と一般職、専門技術の必要性、ライセンスの必要性、業種、職種などによって、選考基準の差異はあるにせよ、「**採用したい人物像**」はどの企業でも似かよっているのが現実です。では、採

用担当者が「採用したい人物像」とはどのようなものでしょうか。代表例として、次のようなものが挙げられます。

- 挨拶ができる人
- 明るい人
- 報告・連絡ができる人

一方、採用担当者が「**採用したくない人物像**」の代表例として下記があります。

- 挨拶ができない人
- 暗い人
- 話をしても反応が無い人

　これらは業種、職種を問わず、どこの企業も大方、同じでしょう。
　就活対策がそのまま「社会常識」に当てはまることは前述しましたが、「採用したい人物像」もまた、そのまま「社会常識」に当てはまります。一方、「採用したくない人物像」は厳しく感じますが、ちょっとした心がけで**改善**することはできます。
　3項目のうち、まず「**挨拶**」は実行するに尽きます。
　続いて、「**暗い人**」は、表情を豊かにする、無表情を避ける、手ぶり身振りでポジティブな感情を表現する、ポジティブな会話を心がけるといったことで人に与える印象は大きく変わります。
　最後に、「**話をしても反応が無い人**」は、けっして人の話を聞いていないわけではないのですが、「聞いていない」「興味がない」「無関心」といったマイナスな印象を人に与えてしまっているパターンが多いのです。悪気が無いとはいえ、「聞いていない」「興味がない」「無関心」な人に良い印象を抱く人は少ないでしょう。改善には人の話を聞く際に、「あなたの話に関心を持って、真剣に聞いていますよ」という姿勢を全身で表現することです。
　これらは**就職活動における基本形**として認識しておきましょう。

❸ 面接、書類選考 −自己PR−

　就職活動において、面接で話す内容と、提出書類（履歴書や職務経歴書など）に記載する内容は**統一性、整合性**を持たせるとよいでしょう。その理由は、自ら提出書類を作成することで、面接で話すべき内容も頭の中で整理されるので、面接において円滑に話すことが出来るようになるからです。

　さて、面接で大切な「私はこのような人物です」という**自己PR**について考えましょう。まず、自己PRは「**簡素に短く**」が鉄則です。だらだらと長い話を聞いたり、文章を読むのは、誰でも苦痛です。話も文章も、だらだらと前置きが長いと、最後まで聞いてもらえず、目を通してもらえません。独りよがり、自慢話の内容にならないように注意し、**明るく、協調性のあるもの**にしましょう。その際、自分の「**成長**」と「**進歩**」を謙虚に含むようにしましょう。例えば、「Aということを成し遂げた裏にはBとCという出来事があり、これにより自分は成長し、進歩することができた」という**物語を示す**ことです。そうすれば、企業の採用担当者に、受験者の就職後に活躍するイメージを想像させることができます。物語の過程において「何を得て、どのように成長したのか」がプラスに評価されるのです。

❹ 面接、書類選考 −会話−

　面接において、企業の採用担当者の声として、新卒者は「雑談ができない」、すなわち「**雑談力が低い**」ということを耳にすることがあります。面接では本題の質疑に入る前に採用担当者と受験者が雑談することが多いですが、この雑談は様々な意味合いを持ちます。

　採用担当者にとって雑談は、受験者へのウォーミングアップの提供、社会性の確認、コミュニケーション能力の確認などの場となります。よって、雑談からすでに採用選考は始まっているのです。

　雑談を経て、本題の質疑の会話へと進みます。その際の会話について、いくつか確認していきましょう。

　会話の促進策として「**コミュニケーション5法**」があります。コミュニケーション5法は「**相づち、くり返し、共感、承認、質問**」で構成されます。この5つを会話の中でバランス良く散りばめて使うことで、誰とでも円滑に会話を促進させることができるでしょう[注1]。

注1　『スポーツビジネス教本2013』第1章を参照

面接では一貫して感謝の気持ちを持ちましょう。面接の冒頭で、面接の機会を設けてくれたことへの感謝を述べると共に、複数人が同時に面接（集団面接）を受ける場合には冒頭で一緒に受ける受験者にも、軽く会釈をしてから始めます。

質疑応答では常に**結論を先**に述べ、説明が長くならないように注意します。全て説明しなければならないという不安感から、一度の応答が延々と長くなることがあるので注意しましょう。質疑応答は会話のキャッチボールによって成り立ちます。応答はその都度、小刻みに複数回繰り返し行ってかまいません。

採用担当者から提供された話題には好奇心を持って対応しましょう。時には本題から外れた話題もあるかもしれませんが、いずれも好奇心を持っていれば適切に対応でき、会話は進むはずです。

会話での**視線合わせ**（アイコンタクト）について、採用担当者が1人の場合はその1人との視線合わせの取り交わしのみとなりますが、採用担当者が複数人いる場合には複数人全員とバランス良く視線合わせしながら会話を進めましょう。複数方向との視線合わせの流れができることで、採用担当者、受験者双方の緊張感が解け、円滑な会話の促進につながります。

複数人が同時に面接（集団面接）を受け、**グループ討論**が行われる際には、他の受験者の発言にも耳を傾け、異論があってもその場での批判は避けます。

面接では**ポジティブ**な会話を心がけましょう。日常の仕事の中では、嫌なことを言わなければならない場面や、人に苦言を呈さなければならないこともありますが、面接は「日常」ではありませんので、ポジティブな表現を徹底しましょう。また、ネガティブな会話が多い人からはエネルギーも活気も感じられませんので注意が必要です。

さて、ポジティブ、ネガティブな会話についてですが、内容は似かよっているのに全く異なった表現となる例を示します。

Aさん　「このプロジェクトは成功すると思いますか？」
Bさん　「しっかりやれば成功すると思います」　　ポジティブ表現
Bさん　「しっかりやらないと失敗すると思います」　ネガティブ表現

Aさん　「このプロジェクトについてどう思いますか？」
Bさん　「ぜひ成功して欲しいです」　　ポジティブ表現
Bさん　「なかなか難しいと思いますが成功して欲しいです」　ネガティブ表現

皆さんはどちらの表現に好印象をいだくでしょうか。

次に、面接対策のベースである「**志望動機**」について考えてみます。面接では受験する企業への志望動機をベースに会話が進行します。よって、面接ではしっかりとした志望動機を用意することが必須です。

その際、企業のホームページやパンフレットの内容から得た情報だけで志望動機を用意すると、当たり障りのない志望動機となってしまいます。ライバル受験者から一歩抜け出すには、「**オリジナル性**」があり、「**事前に調べたこと**」を含んだ志望動機を用意できると良いでしょう。

それらの具体的な例としては、自分の足で実際に企業の事業所周辺を下見して、自分の**五感で得た情報**を基にした志望動機があります。

【例1】 以前、御社の事務所に伺ったときに、職員の皆さんが生き生きした表情で働いていたので感激しました。私も皆さんと一緒に働いてみたいと思いました。

【例2】 私の地元にある御社の店舗は、子供から高齢者まで幅広い年齢層のお客さんにとって無くてはならない存在です。私も地域に根付いた御社で貢献したいと思いました。

これらを付け加えることで志望動機のオリジナル性が高まります。

最後に、面接の終了時にはしっかりとした**礼**と、**謝辞**を述べた上で座っていた椅子を元の位置に戻し、退出します。受験者は「はやくこの緊張感から逃れたい。はやく終わりたい」という気持ちが先行して、椅子を元の位置に戻すことを忘れてしまうことも多々見られますので、注意が必要です。

面接の最終局面では、「終わり良ければ全て良し」なのです。最後をしっかりやることで採用担当者に良い余韻が残り、良い印象を与えることができます。

1章 キャリア形成とコミュニケーション

1-3 伸びる社会人、伸び悩む社会人
－直面するコミュニケーション事例－

　様々な業種、職種で多くの社会人が働いています。その中には**伸びる社会人**と、能力があるにも関わらず、**伸び悩む社会人**がいるのが現実です。それぞれの特徴、特性を挙げることで、自らに当てはめて考える機会にしましょう（筆者実施アンケート調査、被験者数41名、2016年）。

伸びる社会人の特徴・特性

- 清潔感がある　明るい（笑顔）
- 相手の立場を踏まえる、理解しようとする（相手目線・相手主体のコミュニケーション）
- 聞き上手　　　　　　・批判をしない
- 幅広い分野の会話　　・相手の意見を受け止める（受け止め力がある、相手を認める）
- ポジティブな会話　　・間合い上手（押し過ぎず、引き過ぎず）
- 謙虚　　　　　　　　・気が利く（目配り気配りが出来る）

伸び悩む社会人の特徴・特性

- 清潔感がない　　　　・暗い（無表情）　　・自分の話ばかりする（自分中心の会話）
- 得意分野（専門分野）しか話せない　　　　・会話のネタが少ない
- 相手の話を聞かない　　　　　　　　　　　・自分主体のコミュニケーション
- 相手の発言を遮り発言　相手を受け止める度量がない
- 不要なプライドを持つ　　　　　　　　　　・ネガティブな会話
- 特定のことしかやらない　　　　　　　　　・威張る、謙虚さがない
- 形式に囚われ過ぎる（柔軟性が無い）　　　・相手の情報を持っていない

1章 キャリア形成とコミュニケーション

1-4 リーダーシップ

リーダーシップとは「集団の目標や内部の構造の維持のため、成員が自発的に集団活動に参与し、これらを達成するように導いていくための機能」[注2]と定義されています。用語としては「**指導力**」「**統率力**」といった意味で使われます。

人が2人以上集まると「**集団**」となりますが、集団には必ず**リーダー**が必要です。そしてリーダーは、集団の中でリーダーシップを発揮することが求められます。リーダーシップによって、集団は目標の達成に向かってその機能が促進されるのです。

リーダーシップを発揮するリーダーにとって、最も大切なことは、「**方針を示すこと**」です。リーダーが「**いつやる**」「**このようにやる**」「**これをやる**」といった方針を示すことで、集団はそれに沿って進んでいきます。逆に、リーダーが方針を示さないと、集団はどこに進んでよいのか分からず、指標を失い、右往左往し、目標達成は難しくなります。

リーダーシップの考察でよく知られている心理学の理論が「**PM理論**」[注3]です。PM理論では、リーダーシップは次の2つのベクトルで構成されるとしています。

- パフォーマンス（P）
  メンバーに強制力のある圧力をかけ、叱咤、叱責を伴いながら目標達成、成績向上を試みるリーダー行動。
- メンテナンス（M）
  メンバーの良好な人間関係を構築し、緊張を緩和し、集団のまとまりや輪を重視して目標達成、成績向上を試みるリーダー行動。

Pは強制力を伴うもので一時的な成果は出やすいですが、集団としてのまとまりやメンバーの意欲の低下が懸念されます。**M**は集団のまとまりが強まり、リーダーの人望も高まりますが、成果は出にくいでしょう。

リーダーシップの発揮にはPとMそれぞれが必要です。要は「**PとMのバランス**」が重要です。PとMのバランスは、9：1の割合で成果を出しているリーダーが居れば、1：9で成果を出しているリーダーも居ます。正解値はありませんので、リーダーは状況に応じてPとMのバランスを考えながら、行動をとると良いでしょう。

注2　ブリタニカ国際大百科事典より
注3　三隅二不二、1966年

1章 キャリア形成とコミュニケーション

1-5 人前での話し方

　家庭生活、学校生活、様々な業種・職種の仕事など、私たちの日常生活において人前で話すことは極めて大切です。その「**話すこと**」の最大の目的は、話の中身を聞き手に「**伝える**」ことです。この伝え方の優劣によって、日常生活は大きく左右されます。ここでは人前での話し方において、上手に効率良く「**伝える**」ために必要な事項を紹介します。

❶ 雑音の排除

　スピーチ中の「え～」「あの～」「～の方…」といった「**雑音**」は一切省きましょう。スピーチの中で雑音が多ければ多いほど、聞き手に伝えなければならない**本題・主題**が埋没し、大事なことが伝わりません。

【悪い例】 え～と、あの～○○です。それでですね、あの～△△はえっと××なんです。
【良い例】 ○○です。△△は××です。

　悪い例では雑音が多いので、相手に伝えるべき本題・主題（○○、××）が埋没してしまい、伝わりません。
　良い例では言葉の分量が少ないように思われます。しかし、スピーチの目的は相手に「伝える」ことですので、分量の多少は重要ではありません。逆にスピーチの分量は少ない方が本題・主題がクローズアップされますので相手に伝わりやすくなります。

❷ "間"

　スピーチでは2～3文（センテンス）に一度、文の間（あいだ）に**"間"**（ま）を挟むことで聞き手に伝わりやすくなります。

【例】 今から大事な話をします。来季、我々が全国優勝する為にやらなければならないことが3つあります。　…間…　1つ目は冬季練習。2つ目は…

"間"は**2〜3秒間**の沈黙が適切でしょう。この2〜3秒間の沈黙で聞き手の聴覚、聞く耳、興味を引き付け、話の続きを聞きたいな、と思わせることができるのです。すなわち、"間"は、聞き手の頭を整理する時間として、スピーチでは有効です。"間"が無く、連続で話しても聞き手には伝わりにくいのです。

なお、前述の「え〜」「あの〜」「〜の方…」といった雑音は、"間"での沈黙に耐えることができないと、出てしまいます。スピーチの中で、"間"を所々に配置し、コントロールできるようになると、雑音は発生しにくくなります。

❸ 箇条書き話法

箇条書きは、タイトルに続いて、その内容を列記する文章構成法です。この構成法を話法に取り入れたのが**箇条書き話法**です。箇条書き話法はタイトルとその内容の構成が聞き手に伝わりやすいので、聞き手の頭を整理させられます。よって、聞き手に「話を聞きたい」と思わせることができるのです。一方、内容を整理しないまま、だらだらと話を始めると、中身がどんなに素晴らしくても、聞き手は瞬時に聞きたくなくなり、その先を聞いてもらえなくなります。

【例1】　今から営業部の重要事項について話をします。1つ目は営業部の数値目標、2つ目は営業部内での役割分担、3つ目はライバル会社の営業の動向についてです。まず、1つ目の営業部の数値目標については…

【例2】　野球部春季キャンプのグアムでの開催には反対です。反対の理由を3つ、順を追って説明します。第1は多額の経費がかかること、第2は移動に時間がかかること、第3は…

❹ キャッチフレーズ

リーダーは組織運営において、自分なりのキャッチフレーズを持っておくとよいでしょう。キャッチフレーズは聞こえが良く、明快でポジティブな単語で、それを繰り返し使うことで、組織にリーダーの意思、意向が浸透します。

【例】　列島改造計画、政権交代、地域ナンバーワン、全国制覇、売上倍増

❺ 結論を最初に

　内容を整理しないままだらだらとした調子で話を始めると、聞き手は最初から話を聞く気をなくしてしまいます。それを避けるために、人前で話す際は「**結論を最初に**」を心がけましょう。冒頭ではっきりと結論、主題を示し、聞き手の興味を惹き付けるとよいでしょう。

【例1】　私は○○だと思います。理由は…
【例2】　今日は売り上げが2倍になり、給料も2倍になる秘策を教えます。それは…

❻ 体の動き

　人前での話し方には**体の動かし方、使い方**も含まれます。まず、話をする場所では歩幅を大きく歩行し、聞き手がいる全ての方向に視線を分配します。さらにひと呼吸おいてから話を開始します。人前での動きでは焦ってオロオロした動きはせず、余裕を示しましょう。

❼ 声

　人前で話す際の声は「**明るくハキハキ**」を心がけましょう。これは一般的によく知られていることではありますが、過度の緊張感や意識の低下によって、実際には実行されていないことが多いので、注意が必要です。また、一文一文区切って、語尾をはっきり発音すると、エネルギー溢れる力強さが感じられます。逆に語尾のトーンが下がると不安感や自信の無さが派生してしまいます。

❽ 視線合わせ

　人は視線が合った相手に**信頼感**を持ちます。顔を見合って話せば、相互の信頼関係が構築されます。よって、話す際は、聞き手全員の顔を見るつもりで話します。伏し目や天井を見ながら話しても、聞き手との信頼関係は築かれません。伏し目がちに原稿に視線を落とし、仏頂面で話している人から好印象を得るでしょうか。なお、視線合わせは方向、時間の長さのバランスを取って行いましょう。

❾ 表情

　話す際の**表情**は、喜怒哀楽によるメリハリのある変化を付け、声と同様に明るくハキハキしたものにしましょう。表情を変えず、口をモゴモゴしながら話す人から力強さは感じません。

❿ まずは表現

　ビジネス商品と同様に、人前での話し方では、話の中身も大切ですが、「**しっかりと表現すること**」、「**相手に伝えること**」が大切です。中身をしっかりと表現、伝えることができるからこそ、相手の理解を得て、物事が促進されます。逆にどんなに中身が良くても、聞き手に伝わらなければ、人前で話すことは意味を成しません。人前での話し方ではまずは表現すること、相手に伝えることを最優先しましょう。

2章

社会に必要な情報セキュリティ

2-1 ビジネスコミュニケーションからみたコンピュータのしくみ

2章 社会に必要な情報セキュリティ

2-1-1 コンピュータのしくみ

コンピュータは非常な速さで進化しています。一般的にコンピュータの基本的な構成は次のようになっています（図2.1.1）

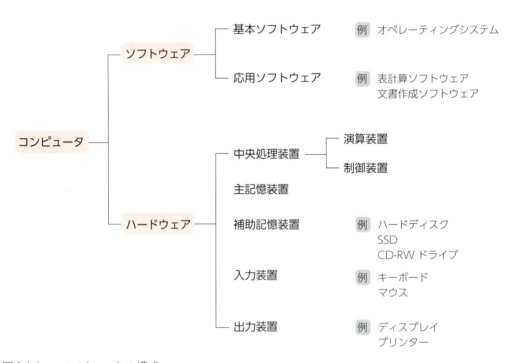

図2.1.1：コンピュータの構成

コンピュータは、**ハードウェア**部分だけでは"ただの箱"にすぎず、**ソフトウェア**があってはじめて動作します。ハードウェア部分には、**入力装置**、**出力装置**、**主記憶装置**、**制御装置**、**演算装置**などがあります。ソフトウェアは、**基本ソフトウェア**と**応用ソフトウェア（アプリケーションソフトウェア）**に大別されます。基本ソフトウェアのうち、プログラムの実行、入出力の制御、データの管理などを行うものが操作系です。最近の操作系は画面にいくつもの窓（ウィンドウ）を開き、複数の応用ソフトウェアの動作を見ることができます。

応用ソフトウェアには、文書作成ソフトウェア、表計算ソフトウェア、通信ソフトウェアなどがあります。

2-1-2 ハードウェアの基礎知識

ハードウェアというと難しいイメージがあるようですが、ソフトウェアもハードウェアがあってはじめて機能します。コンピュータのハードウェアは、半導体という側面から見れば処理速度、小型化、信頼性、経済性などで飛躍的に進歩しました。

しかし、ハードウェアが**入力部**、**出力部**、**記憶部**、**制御部**、**演算部**の5つの基本的な部分から構成されているという構図は、ノイマンがコンピュータを開発してから、今も同じ考え方といっても過言ではありません。

この節ではコンピュータを理解する上で必要なハードウェアについて学びます。

● 1　パソコンのしくみ

■ パソコンの基本構成

パソコンは小さいながらもれっきとしたコンピュータです。したがって、次の5つの機能があります。

① **入力機能**：外部からパソコンに情報を取り込む機能
② **出力機能**：パソコンから外部へ人間に理解できるように情報を出す機能
③ **演算機能**：算術演算をはじめとして情報を必要に応じて加工する機能
④ **記憶機能**：入力した情報や演算機能によって加工された情報を記憶する機能
⑤ **制御機能**：プログラムを解析し、①から④の機能を制御する機能

そして、パソコンは上記の機能を実現するために、入力装置、出力装置、演算装置、記憶装置、制御装置などのハードウェアから構成されています。記憶装置は主記憶装置と補助記憶装置の2つに分かれます。演算装置と制御装置を合わせて**マイクロプロセッサ**（中央処理装置）と呼んでいます。

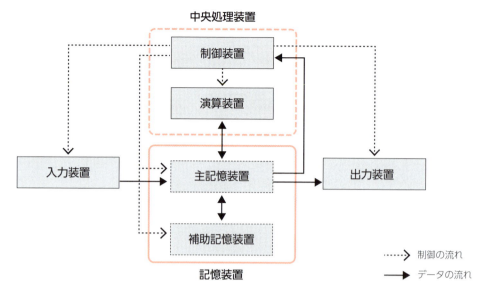

図2.1.2：パソコンの基本構成

■ パソコンの計算のしくみ

　実際のパソコンのしくみを見てみましょう。パソコンの主要部分は**集積回路**（LSI）から作られています。なかでも中心になるのが**CPU**と呼ばれるマイクロプロセッサ（中央処理装置）です。そして、これを中心にして主記憶装置を担当する、**読み書き可能**な記憶装置**RAM**（Random Access Memory）と**読み出し専用**の記憶装置**ROM**（Read Only Memory）により構成されています。さらに**周辺装置**とデータのやりとりをするための**入出力ポート**があります。

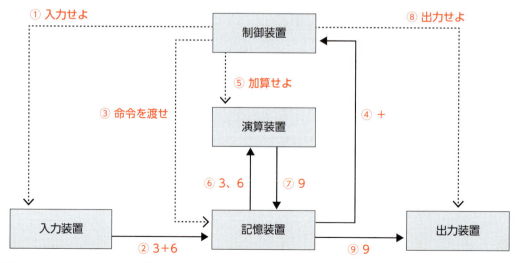

図2.1.3：コンピュータに「3＋6」の計算をさせる場合の制御（指示）やデータの流れ

2-1 ビジネスコミュニケーションからみたコンピュータのしくみ

3＋6の計算をコンピュータする場合、次のようなしくみで動作します。

① キーボードなどの入力装置から"3"を入力する。するとコンピュータの制御装置からこの"3のデータを読み込め"というコマンド（指令）が入力装置に指令される。そして記憶装置（Memory）に"3"というデータがメモされる。
②③④ 次に"＋6"のデータをキーボードから入力する。同様に"＋6"は記憶装置にメモされ、"＋"は制御装置に送られる。
⑤ 制御装置から加算せよという指令（コマンド）が演算装置に送信される。
⑥ 記憶装置にメモされた"3"と"6"が演算装置に送信され、3＋6＝9が演算される。
⑦ 演算結果の"9"が記憶装置に送られる。
⑧ 制御装置より記憶装置にメモされた"9"を"出力せよ"という指令（コマンド）が送られる。
⑨ 記憶装置から出力装置に"9"が送られる。

●2 パソコン本体

パソコンの本体は**マイクロプロセッサ**（中央処理装置）、**主記憶装置**、**入出力ポート**および**バス**により構成されています。

■ マイクロプロセッサ：中央処理装置（CPU：Central Processing Unit）

マイクロプロセッサ（中央処理装置）はパソコンの中核となる部分で、演算装置と制御装置により構成されています。

- **演算装置（ALU：Arithetic and Logic Unit）**
  演算装置は各種の演算を受け持ちます。数学で使用する四則計算や論理演算を高速で行います。
- **制御装置（Control Unit）**
  制御装置はパソコン全体をコントロールする部分です。主記憶装置内にある命令を順次取り出して解読し、パソコン内の各種装置を制御し、実行します。

■ 主記憶装置（Main Storage）

パソコンがデータを高速に処理するためには、マイクロプロセッサ（中央処理装置）が必要なデータやプログラムをすぐに取り出せなければなりません。また、演算の途中結果

なども高速で記憶する必要があります。主記憶装置はデータやプログラムを記憶し、マイクロプロセッサ（中央処理装置）との間で高速にデータの交換をする装置です。

主記憶装置は、1バイトを単位として、データの記憶や呼び出しをします。そして、これらの管理を円滑に行うためにバイト単位に番号（アドレス）がつけられ、データを正確に処理しています。

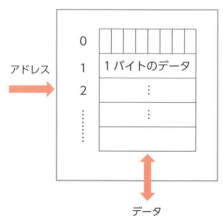

図2.1.4：メモリとアドレスの概念

■ 入出力ポート（I/O：Input Output Controllers Unit）

入出力ポートは、周辺装置の情報の交換をするための出入り口です。パソコンでは、周辺装置とのデータのやりとりはバイト単位で行われています。これは主記憶装置の場合とよく似ています。さらに入出力ポートには、複数のデータ信号を同時並行的に送るパラレル入出力ポートと、データを1ビットずつ順次転送するシリアル入出力ポートがあります。パラレル入出力ポートの方が高速な通信が可能ですが、シリアル入出力ポートの方が、配線が少なく、簡単な回路で済みます。最近のパソコンでは、USBポートや、シリアルATAなど、シリアル入出力ポートでのデータのやりとりが主流となっています。

■ バス

バスは、パソコン本体の装置間で情報を交換するための道です。流れる情報の種類によって、メモリのデータを送受するデータバス、メモリのアドレスを送るアドレスバス、各装置の制御の信号をやりとりするコントロールバスなどの種類があります。

● 3　補助記憶装置

補助記憶装置は主記憶装置の補助的な役割をして、すぐには使用しないプログラムや

データを蓄えておく装置です。主記憶装置は情報を高速でやりとりできますが、その分高価な装置です。したがって、すぐに使用しない情報を主記憶装置に記憶しておくのは不経済です。そこで高速性は多少犠牲にして、多量の情報を安価に記憶するための装置が補助記憶装置です。

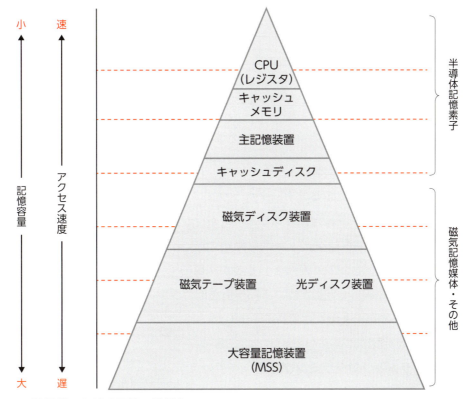

図2.1.5：汎用機における記憶の階層化

■ 補助記憶装置のアクセスタイプ

　補助記憶装置は大きく2種類のアクセスタイプに分かれます。**ランダム・アクセスタイプ**（Random Access Type）と**シーケンシャル・アクセスタイプ**（Sequential Access Type）です。

　ランダム・アクセスタイプは任意の順序にデータを読み書きできるため、目的のデータを即座に取り出せる特性を持っています。代表的な装置としてハードディスクやSSDなどが挙げられます。

　シーケンシャル・アクセスタイプは、順にデータの読み書きを行います。このため書いた順にしか読み書きが行えません。しかし、構造が単純なのでより安価に情報を記憶することができます。代表的な装置として磁気テープが挙げられます。

2-1-3 ソフトウェアとは

パソコンで仕事を行おうとすると、必ず**ソフトウェア**が必要になります。ソフトウェアがなければパソコンはただの箱ということになるでしょう。したがって、パソコンを上手に効率的に使いこなすためには、ソフトウェアがどのようなものかを理解することが大切です。本項でソフトウェアの基本的な知識と技術を理解しましょう。

● 1　ソフトウェアのしくみ

ここでは、ソフトウェアの意義と発展過程を見ていきましょう。

■ プログラムとマシン語

コンピュータ（パソコン）を動かすためには、2-1-2で見てきたハードウェアだけでは不十分で、ソフトウェアが必要です。ソフトウェアの中でも中心的な役割を果たすのが**プログラム**です。プログラムは、コンピュータが行う動作を前もって記述したものです。

プログラムは最終的に、コンピュータを動かすために必要な、**マシン語（機械語）**と呼ばれる2進数の数字コードに変換されるのが一般的です。このマシン語はCPUに内蔵されている命令に対応しているため、人間が直感的に理解しにくいものになっています。そのため、さまざまな工夫がこらされてきました。

■ 起動プログラムとプログラミング言語

パソコンの電源を投入したときに、メモリ（ソフトウェア）やCPUが正常に動作するかをチェックして、ユーザーが利用できるように環境を整える作業が必要になります。この作業を自動的に行うのが**起動プログラム**です。

起動プログラムは主記憶装置の特定の場所に配置され、電源投入後に必ず実行されます。起動プログラムから、次のプログラムに制御を渡すようにしたわけです。電源投入時にメモリのチェックを行ったり、ハードウェアに異常があると音を鳴らすのは、この起動プログラムの働きです。

■ オペレーティングシステムとアプリケーションソフトウェア

パソコンが実務で使われるようになり、周辺機器が普及してきます。そして、どのプログラムからでも周辺機器への管理や手続きを簡単に行いたいという目的で生まれたのが**オペレーティングシステム**(Operating System:OS)です。

以前主流だったDOS（Disk Operating System）はその名の通り、フレキシブルディスクやハードディスクを管理するものでした。一方、現在主流のWindowsやmacOSはメモリやCPU、画面描画、また、ネットワークなど、パソコン全体に関する資源を有効管理するようになりました。

このオペレーティングシステムの管理下で動くのが、**アプリケーションソフトウェア**です。アプリケーションソフトウェアは、パソコンそのものを管理するのではなく、ワードプロセッサ、表計算ソフトウェアのように利用者の目的、用途、業務のために使われます。ビジネス用をはじめとして、画像、通信、ゲーム、特定業務用（経理など）と、さまざまな種類があります。

■ 基本ソフトウェアと応用ソフトウェア（アプリケーションソフトウェア）

ソフトウェアは図2.1.6に示すように、**基本ソフトウェア**と**応用ソフトウェア（アプリケーションソフトウェア）**から構成されます。

基本ソフトウェアには①パソコン自身を制御する機能すなわち、プログラムの実行、入出力の制御、データの管理などを行うオペレーティングシステム、さらに②プログラムを翻訳するのに必要な**言語プロセッサ**等があります。

言語プロセッサは膨大な種類が世界中に存在していますが、代表的なものとして、アセンブラ、C、JAVA、Python、Javascriptなどがあります。③ユーティリティ（サービス）プログラムはソフトウェア（プログラム）を生成していくために必要であり、ライブラリ、ソート・マージ、デバッガ、リンカなどから構成されます。

応用ソフトウェアには①給与管理、人事管理など、利用者自らが開発したものをユーザープログラムといってます。また、②情報検索用、統計用など業者独自で開発したものを汎用ソフトウェアといっています。

また、LANやインターネットなどの接続には、通信ソフトウェアが必要となります。

2章 社会に必要な情報セキュリティ

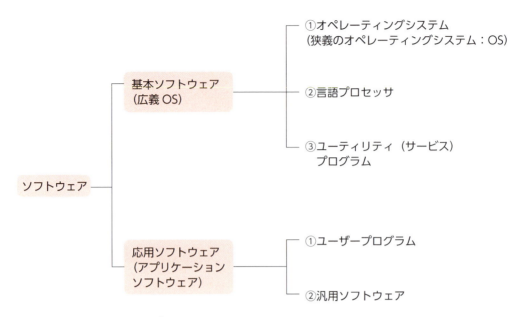

図2.1.6：ソフトウェアの分類

●2 オペレーティングシステムとは

■ オペレーティングシステムの目的

オペレーティングシステムの目的は、利用者に対してコンピュータを利用しやすくすることにあります。

たとえば、ディスプレイやプリンターを別の製品に買い替えたとき、簡単な設定で済み、いままでと同じアプリケーションでも利用することができます。さらに、プログラムの実行管理などもオペレーティングシステムが行っています。かつてのワードプロセッサ（文書作成ソフトウェア）は、印字している間、利用者が何もできない状態といったことがありましたが、現在のオペレーティングシステムは、印字している間も、利用者に待ち時間を作らず、パソコンを利用できます。

オペレーティングシステムがさまざまな資源を管理することで、パソコンを有効活用できるのです。

■ オペレーティングシステムのアーキテクチャ

オペレーティングシステムの位置づけを図2-1-7に示します。この図からわかるようにオペレーティングシステムはアプリケーションソフトウェアとハードウェアとの中間に位置し、ハードウェア、強いてはパソコン全体を有効かつ効果的に動作させる司令室といえます。

2-1 ビジネスコミュニケーションからみたコンピュータのしくみ

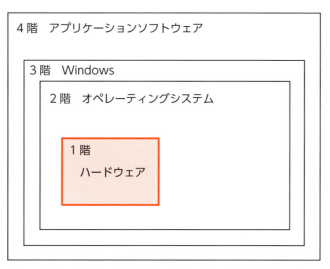

図2.1.7：オペレーティングシステムの位置づけ（OSのアーキテクチャー）

オペレーティングシステムを構成するソフトウェア（プログラム）は非常に多くありますが、図2.1.8に示すように**管理プログラム**と**処理プログラム**に大別されます。オペレーティングシステムの基本的な働きを次に示します。

① 入力制御
② スケジューリング
③ データ管理
④ タスク管理
⑤ ソフトウェア、ハードウェア資源の割り振り
⑥ その他

パソコンのオペレーティングシステムが各プログラムを効率よく管理し、コンピュータの中心的機能を果たしています。

ここで、狭義の意味でオペレーティングシステムとは管理プログラム（制御プログラム）を意味している場合もあります。

いわゆる、オペレーティングシステムの中心となるプログラムがこの管理プログラムです。利用者側のオペレーティングシステムに対する処理要求の受け付け、各処理プログラムの実行の管理、処理過程で必要となるデータの管理、入出力装置・記憶装置への書き込み・読み出し制御などを行います。

一方、言語プロセッサ、ユーティリティ（サービス）プログラムなどから構成される処

理プログラムは、この管理プログラムの監視下で実行されています。

図2.1.8：オペレーティングシステムの基本構成

● 3　ソフトウェアのライフサイクル

　住宅にライフサイクルがあるようにソフトウェアにも**ライフサイクル**があります。すなわち、住宅には設計、施工、入居という過程を経ていくサイクルがあるのと同様に、ソフトウェアのライフサイクルは図2.1.9のようになります。

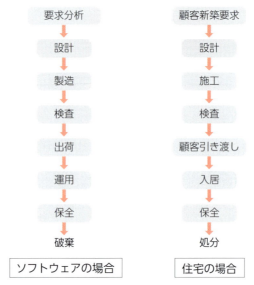

図2.1.9：ソフトウェアのライフサイクル

■ 要求分析

住宅を新築する際、間取りや構造の基本的なアウトラインを建築設計事務所に提示します。これを受けて建築事務所は詳細に分析し、要求住宅モデルを作成します。また、工務店に指示するための要求仕様書も作成します。

ソフトウェア開発も同様に、**要求分析**（Requirements Analysis）では、利用者の要求を分析して客観的な文書の形にします。要求分析は**要求**（requirement）と**仕様**（specification）に分けられます。要求とは利用者が特定の処理を決めていることです。仕様はその要求を受けて、それを具体化し、ソフトウェアを設計、製造する人に対してそれができるように、明確な指示を与えるものです（図2.1.10）。

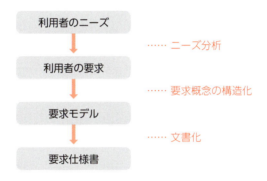

図2.1.10：要求分析

① ニーズ分析（Needs Analysis）
　利用者のニーズを分析し、利用者要求にまとめる作業を指示します。

② 要求モデル
　利用者要求を基礎として、要求に適合するソフトウェアの制作の実現性をふまえて要求モデルを作り上げます。要求モデルは、以上の各段階、すなわち利用者要求の抽象化に基本の抽象的概念の抽出を行います。次に、その抽出された利用者要求の抽象的な概念を具体化します。

③ 要求の仕様書化
　次に作成された要求モデルを一定の形式に従って文書化し、要求仕様書を作成します。

■ 設計

住宅の場合、設計図を工務店に渡し、新築できるような形にすることを**設計**といいます。

ソフトウェアの設計も、利用者からの要求分析の結果、どのような目的のためにソフトウェアを制作していくかの過程を具体的に明確化していくステップとなります。

これに基づいて、制作されたものを設計書といい、2つに分類されます。すなわち、図2.1.11に示すように概略的に記述したものを**概要設計書**、詳細に記述したものを**詳細設計書**といっています。

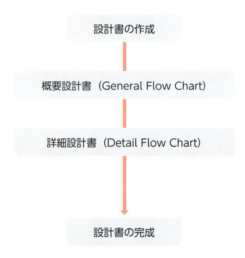

図2.1.11：設計書の作成

■ プログラミング

住宅の場合、建築設計図面に基づいて大工さんが住宅を新築するための、建築、施工作業に入ります。

この場合、ツーバイ法、SXL法など、どのような工法で施工するか、あるいは、どのようなツール（工具）を使用するかも含めて検討し、具体的に建築・施工作業に着手します。

ソフトウェアも同様に、設計された内容を**プログラミング言語**で記述する段階に入ります。プログラミング言語を選択するにあたっては、目的、使用経験を踏まえて、適切なものを選びます。

■ 検査（test）

開発したソフトウェアが前述した利用者からの要求仕様書を十分に満たしているかチェックします。もしこれら項目、条件を満たしていなければ、それらを追加しなければなりません。

また、プログラムが正常に動作するか、いわゆる検証作業を行い、正しくプログラムが動作することを**検査**します。これを**デバッグ**（debug）作業といっています。

■ 保全

出荷後のソフトウェアに、運用面で不適切なところが生じてくれば、それを除去・改善し、常にソフトウェアを有効に役立つ状態で維持・運用していくことが必要となります。

プログラムの**保全**を効果的に行うためには、プログラム作成の段階で以下のものを作成、保存しておくことが必要です。

① **ユーザーズマニュアル**：プログラムの目的、使用法、使用上の注意などを書いたマニュアル
② **レファレンスマニュアル**：使用している言語の文法書
③ **要求仕様書**
④ **概要設計書**
⑤ **詳細設計書**
⑥ **ソースファイル**および**コンパイルリスト**
⑦ **ソースモジュール**および**ロードモジュール**

■ 破棄

ソフトウェアが保全などの小規模な改善ではユーザーの要求水準を満足させることが不可能になった場合、そのソフトウェアを完全に**破棄**し、あらためて新規のソフトウェアの開発を行う段階です。

2-1-4 データとは

●1 データの表現方法

■ データの種類

パソコンを用いて**データ**処理を行うためには、パソコンが情報を理解できる形式に表現しなおす必要があります。コンピュータ内部で表現されるデータの種類は図2.1.12のように分類できます。

情報を表現するための**記号の体系**を**符号**（**コード**）といいます。これらの数字や文字に対しては、統一を図るための各種の公的な機関において、一定の符号の体系化が行われています。

- 符号の体系化を行っている機関の例
  国際標準化機構（ISO）
  日本工業規格（JIS）

- 一定の符号体系化された例
  情報交換用符号系（JIS X0201）
  情報交換用漢字符号（JIS X0208）
  ASCII（American Standard Code for Information Interchange）
  EBCDIC（Extended Binary Coded Decimal Interchange Code）

図2.1.12：コンピュータ内部で扱われるデータの種類

■ 10進法と2進法、8進法と16進法

　基数（radix）がnの数を**n進数**といいます。コンピュータでは、n＝2，8，10，16の進数が用いられています。

　コンピュータにおける情報表現の最小単位を**ビット**（bit）といい、現在では一般的に8ビット（＝1**バイト**）の組み合わせで文字を表現しています。nビットで表現できる文字の種類は2^nです。

表2.1.1：nビットで表現できる文字の種類

ビットの数（n）	表現できる文字の種類
1ビット	2種類（$2^1=2$）
2ビット	4種類（$2^2=4$）
8ビット	256種類（$2^8=256$）
16ビット	65536種類（$2^{16}=65536$）

① **2進法**（binary notation）

0と1の2つの数字の組み合わせで情報を表現する方法です。

② **8進法**（octal notation）

0から7までの8つの数字の組み合わせで情報を表現する方法です。

③ **10進法**（decimal notation）

0から9までの数字の組み合わせで情報を表現する方法です。

④ **16進法**（hexadecimal notation）

0からFまでの16個の数字の組み合わせで情報を表現する方法です。また、10進数、2進数、8進数、16進数の関係を次表に示します。

表2.1.2：異なる基数間の数値の対応

10進数	2進数	8進数	16進数
0	0	0	0
1	1	1	1
2	10	2	2
3	11	3	3
4	100	4	4
5	101	5	5
6	110	6	6
7	111	7	7
8	1000	10	8
9	1001	11	9
10	1010	12	A
11	1011	13	B
12	1100	14	C
13	1101	15	D
14	1110	16	E
15	1111	17	F
16	10000	20	10

●2 データの分類

パソコンの基本的なデータは2進数で表現されています。そしてこの2進数で、数値をはじめとして、文字などすべての情報を表します。

データは「**ビットの長さ**」による分類と「**意味**」による分類に分けられます。

■ 単純な行数（ビットの長さ）による分類

まず、データのもつ意味などと無関係に単純に次のような呼び方があります。

① **ビット**：2進数の1行
② **バイト**：8ビットの長さのデータを1バイトと呼びます。
③ **ワード**：2バイトもしくは、4バイトの長さのデータを1ワードと呼びます。

普通、演算命令などはこのワードを単位に処理するようにパソコンが設計されています。

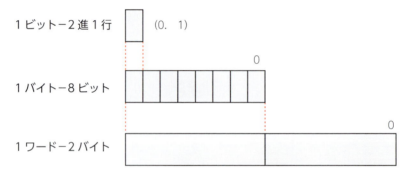

図2.1.13：ビット・バイト・ワード

■ データにもたせる意味による分類（型）

パソコンのデータを大別すると**数値データ**と**非数値データ**に分けられます。数値データは**固定小数点**、**浮動小数点**に分かれます。さらに精度による区別があり、非数値データには文字、**論理値**、および**ポインタ**があります。

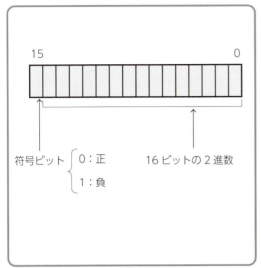
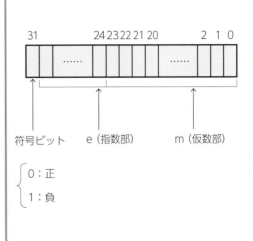

図2.1.14：固定小数点と浮動小数点

① 数値データ
　固定小数点：　整数型とも呼ばれ、単純な2進数として扱います。表現できる数は、右端に小数点があるとすると、2バイトの形式で−32768から32767までです。
　浮動小数点：　固定小数点と異なり、広い範囲の数値を表すことが可能です。数値を仮数部と指数部にわけて、固定小数点で表現します。

② 非数値データ
　文　字：　1バイトの長さで、1つの文字と1バイトのビットパターンを対応させて文字を表現します。
　論　理：　論理演算の結果などの真偽を表します。普通、1バイトを使います。偽を16進数の00で表現して、それ以外を真とします。
　ポインタ：　2バイトもしくは4バイトのデータでメモリのアドレスを示します。後で説明するリストなどに使います。

● 3　複雑な構造をもったデータ

基本的データの組み合わせから**複雑**な**構造**をもったデータがあります。

■ 配列

同じ型のデータを直線的に並べたものです。

図2.1.15：配列の概念

■ 多次元配列

配列と同じ感覚でデータを平面や立体的なイメージに並べたものです。しかし、メモリ内にあるデータは実際に平面や立体的に並べられているのでなく、適当な処理をしてメモリ内に連続的に割り当てられます。

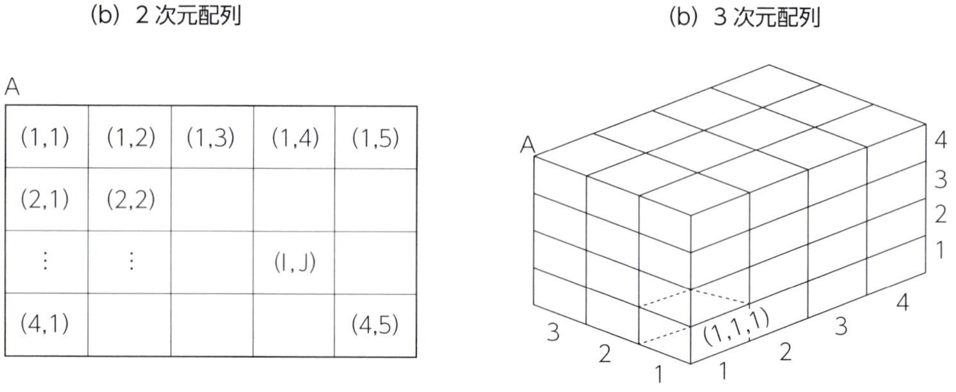

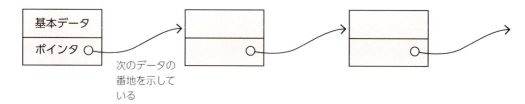

図2.1.16：多次元配列の概念

■ リスト

1つ以上の基本データと1つのポインタの組み合わせでイメージ的につながったものです。

図2.1.17：リストとポインタ

■ 複雑な構造のリスト

リストと同じですが、2つ以上のポインタのあるものです。

(a) 双方向リスト

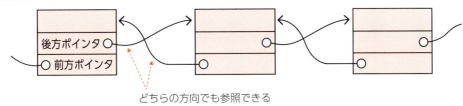

(b) 木状リスト

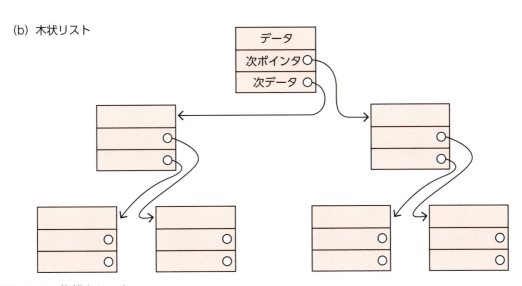

図2.1.18：複雑なリスト

■ 構造体

複数の基本データを並べてひとまとまりにしたものです。

図2.1.19：構造体の概念

2-2 ビジネスコミュニケーションからみたSNS

2章 社会に必要な情報セキュリティ

2-2-1 SNSとは？

SNSは、ソーシャルネットワーキングサービス（Social Networking Service）の略称です。ネットワーク上での人と人とのコミュニケーションをサポートするサービスのことです。SNSはアメリカを中心に開発されました。今では国境を越えて、世界中の人々に活用されています。あの未曾有の大災害をもたらした東日本大震災では、多くの人命救助に活用されました。

また、SNSは大学などに代表される学校の事務処理やオフィス、個人ユースにも多く使用されています。メール、ホームページ、住所録などのサービスが定型的（テンプレート的）なので、ユーザーは手軽に利用することができます。

SNSの中でも特に有名なのが「**フェイスブック**」と「**ツイッター**」です。最近では、SNSから有名人となるケースも存在します。

SNSの種類とその特徴などについて表に列挙しました。

表2.2.1：SNSの種類と特徴

	フェイスブック	ツイッター
年齢制限	13歳以上	なし
実名登録	必須	なし
有名人アカウント	ファンページ利用	認証済みアカウント
ゲーム	できる	できない

2-2-2 Twitter

Twitter（ツイッター）は、140文字以内の短文と画像の投稿が可能なSNSです。投稿した短文のことを「つぶやき」または「ツイート」といいます。ほかのユーザーを登録することをフォローといい、自分やフォローしたユーザーの投稿が、タイムラインと呼ばれる画面に表示されます。

また、自分をフォローしたユーザーをフォロワーといいます。フォロワーが多いほど、

自分のつぶやきが多くのユーザーに読まれることになります。

そのほかにも、ほかのユーザーにメッセージを送ったり、投稿に返信したりといった、メールのような機能もあります。

日本では2000万人前後の会員がいます。

図2.2.1：Twitterのポータルサイト

Twitterは、情報発信だけでなく、情報収集にも役に立ちます。下記図は、首相官邸のツイートです。なお、首相官邸や厚生労働省などのツイートは、アカウントを登録していなくても、読むことができます。

図2.2.2：首相官邸：https://twitter.com/kantei

2章 社会に必要な情報セキュリティ

表2.2.2：政府系のTwitterアカウント

組織名	アカウント	URL
厚生労働省	@MHLWitter	https://twitter.com/mhlwitter
首相官邸	@kantei	https://twitter.com/kantei
消費者庁	@caa_shohishacho	https://twitter.com/caa_shohishacho
消防庁	@FDMA_JAPAN	https://twitter.com/fdma_japan

2-2-3 facebook

　facebook（フェイスブック）は10億人近い利用者を持つ世界最大級のSNSです。13歳以上が対象となります。当初、アメリカハーバード大学の学生限定でスタートし、次第に対象の大学が拡大していきました。その後、一般にも提供され、急速にユーザー数を増やしました。

　facebookに登録すると、個人プロファイルの作成や他のユーザーをフレンドに追加、ユーザーグループへの参加、メッセージの交換などを行うことができます。

図2.2.3：facebookの登録画面：http://www.facebook.com/

2-2 ビジネスコミュニケーションからみた SNS

図2.2.4：facebookにログインしたところ

図2.2.5：友達の登録

2章 社会に必要な情報セキュリティ

図2.2.6：ニュースフィードには友達などフォローした人の投稿が表示される

2-3 社会に必要な情報セキュリティ

2章 社会に必要な情報セキュリティ

インターネットは楽しく、便利に使え、生活の幅が広がります。しかし、誰でも簡単に使えるインターネットのメリットを逆手にとった**犯罪行為**も行われています。クレジットカード番号、住所、電話などの個人情報や物品のやり取りなど、実社会と変わらない営みが行われているインターネットの安全性はどうなのでしょうか。また、自らが法を犯しかねない状況もインターネットには潜んでいるのです。これからインターネットをより安全に使うための方法をみていきましょう。

2-3-1 落とし穴に陥らないために

● 1 金庫とコンピュータ

大切な書類を安全に保管するには、手書きの書類を金庫にしまっておくのが一番だと言われています。なぜなら、不正行為を働く人間が近づくには、監視の目をかいくぐって金庫の前に立ち、時間を費やして、鍵をこじ開けなければなりません。パワーショベルなどで、建物の壁をぶち抜くという荒っぽい手口もありますが、簡単なことではありません。

一方、ネットワークにつながったコンピュータに書類を保存しておいた場合、パワーショベルを持ち出すよりも容易に近づくことが可能です。ネットワークなら遠隔地からも侵入可能だからです。書類はコンピュータで作成されていますので、コピーも簡単です。手書きの書類と違って、まったく同じ物が簡単に入手できるわけです。分厚いマニュアル数冊分の資料を盗み出そうとした場合、マニュアルそのものはポケットに隠せませんが、USBメモリなら容易に持ち出すことができます。

● 2 ハッカー

日本では、他人のコンピュータに不正に侵入する人や、ウィルス・プログラムを作成してばらまく人を**ハッカー**と呼びます。ハッカーの動機は単純で、自分の能力を誇示したい、お金のために情報を入手する、人や社会が騒いだり混乱したりするのを見るのが愉快だなどということです。たいていは10代から20代といった若い年齢層が多く、自分が攻撃するコンピュータが誰のものか、攻撃の結果どういう事態を引き起こすかについて、ほとん

ど気にしていない、あるいは悪いことをしたという意識をもっていない点がハッカーには共通しています。

ハッカーは、入り込みやすいコンピュータシステムだけでなく、頑強に保護されているコンピュータシステムに力を見せつけるために攻撃します。ハッカーの攻撃目標は、そうしたものだけではなく、ブロードバンドが普及してきた現在、個人のパソコンそのものが攻撃対象となりうるのです。保護されていないパソコンから個人情報を盗み出したり、その人になりすまして買い物をしたりと、だんだん身近な犯罪としても知られるようになってきました。ブロードバンド時代は、ハッカーにとっても格好の餌食が増える喜ばしい時代ということです。こうした被害を食い止めるためには、個人レベルでもパソコンを保護するセキュリティという概念と具体策を、知っておく必要があるわけです。

攻撃者としては、雑誌などからハッキング情報やツールを得て、面白半分に使ってみる人がいます。また、会社のことをよく知る**内部関係者**（社内外のSE、アルバイト、派遣社員など）が情報を持ち出したり、不正なアクセスをする場合には被害も深刻になります。また、企業の内部情報を意図的に盗むプロフェッショナルや、狙った組織のコンピュータサービスを停止させるサイバーテロリストなど、さまざまなタイプに分類されています。

● 3　ハッカーとクラッカー

もともとハッカーとは、コンピュータプログラミングの知識と技能に大変優れた人を指す尊称で、悪者の意味はありません。こうした優秀なコンピュータプログラマの中にいる悪意のある人間を**クラッカー**と呼びます。しかし、コンピュータセキュリティの世界では暗号を解読する人をクラッカーと呼び、ウィルスプログラムを作成したり、不正侵入したりする人間をクラッカーとは呼びません。社会的には「ハッカーは悪人」という図式が定着していますが、もともとの意味を離れて使われています。

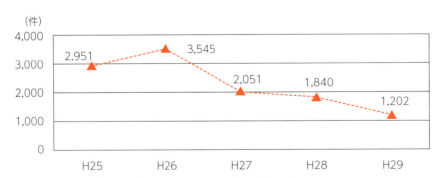

図2.3.1：過去5年の不正アクセス行為の認知件数の推移
出典：総務省

2-3-2 脅威と被害

● 1 たくさんの脅威

コンピュータシステムへの攻撃は社会的に大きな影響を及ぼします。ハッカーがコンピュータ会社の技術者とは限りません。自宅からパソコンを利用する高校生かもしれません。パソコンの普及はセキュリティの重要性を改めて認識させるとともに、セキュリティ対策として脅威と考える範囲を拡大させたとも言えます。

象徴的な被害のひとつとして「**なりすまし**」があります。電子メールのパスワードが漏れた場合、自分のメールを他人に読まれる、改ざんされる、不当に使用されるといった被害が考えられます。このような行為を「なりすまし」といいます。なりすました第三者が顧客に対して無礼なメールを送りつけ、会社同士の取引を妨害・破綻させたケースもあります。こうした実害は、学校や社内で利用するネットワークにログインするパスワードが漏れた場合でも同様です。契約しているプロバイダのパスワードが漏れた場合は、勝手な買い物やサービスを利用されて、その代金の支払いを求められるといったケースもあります。

コンピュータシステムに対する脅威と脅威に対する対策を表にまとめました。

表2.3.1：コンピュータシステムに対する脅威

脅威	内容	手口
漏洩	データそのものやコピーを持ち出す行為	ゴミ箱あさり
盗聴	ネットワーク上の通信内容を無断で傍受	不正アクセス
改ざん	データやプログラムを意図的に書き換える	サラミ法
破壊	データやプログラムを消去し使用不可能とする	トロイの木馬、論理爆弾

表2.3.2：脅威に対する対策

対策の対象	内容
システム対策	不正行為を検知、通報するプログラムの導入による保護管理
保全性対策	ログや監査証跡の管理
可用性対策	データベースやファイルのバックアップ管理
通信対策	ネットワークでの通信内容の暗号化

● 2 ウィルスの被害

パソコンがウィルス（ウィルス・プログラム）に感染すると、内部のファイルを消去されたり、起動しなくなるなど、回復には相当な労力と時間がかかります。最悪の場合、ハード

ディスクを初期化してデータをすべて失ってしまう可能性もあります。

また、内部のデータを盗み出すウィルスもあります。クレジットカード番号などの個人情報の流出は、極めて危険です。キーボードのタイピングを読み出すプログラムで、パスワード情報が漏れていたケースもあります。さらに「**バックドア**」と呼ばれる、いわゆる「裏口」を密かに持ち込むウィルスもあります。送り込んだハッカーは、この「**裏口**」からいとも簡単に他人のコンピュータシステムに侵入できるようになるわけです。

電子メールのアドレス帳に登録されている相手にウィルスを送りつけてしまうプログラムもあり、自分が知らないうちに加害者になっているケースもあります。

●3　ウィルス感染経路とその対策

ウィルスに感染する経路は、USBメモリやSDカードなどの持ち運びのできるメディア、電子メール、ダウンロードしたファイル、ホームページなどがあります。

特に出所不明の古いメディアの使用には注意が必要です。こういった古いメディアは、ウィルス対策ソフトで感染の有無を確認してから使いましょう。

最近のウィルス感染は、90％以上が電子メールの受信と言われています。電子メールを読むだけで感染するものや、ホームページを閲覧しただけで感染するものがあります。

対策方法は、使用しているOSや電子メールソフト、ブラウザソフトを常に最新の状態にして、セキュリティ上の欠陥を修復することです。

また、ホームページでは、怪しいアンケートに答えたり、画像を見るために不用意にボタンをクリックしないことです。ファイルをダウンロードしたときも安易に実行せず、ウィルス対策ソフトで感染を確かめてから開くようにしましょう。

2-3-3　セキュリティ技術

●1　安全のための防壁ファイアウォール

ファイアウォールは、コンピュータシステムへの不正アクセスに対処する技術です。火災による延焼を防ぐための**防火壁**から来ています。

ユーザーがアクセスに関する設定をすることで、**アクセス権限**のない外部のコンピュータからの不正な侵入を防ぎます。具体的には、**パケットフィルタリング**という技術で不正侵入をブロックします。**DoS攻撃**（Denial of Service attack）や**PortScan**などを検出し、管理者に通知することで、コンピュータシステムを保護します。DoS攻撃は攻撃対象のコンピュータに不正なデータを送信して使用不能にしたり、大量のデータを送りつ

けてネットワーク機能を麻痺させる攻撃です。

PortScanはサーバーに対してさまざまなで接続を試みることで、サーバーの弱点を探して本格的な攻撃のための準備をするというものです。

ファイアウォールは、学校や会社などのコンピュータネットワーク（LAN）が、外のインターネットと接続する出入り口に築きます。そして、外部からアクセスしてきた通信を監視し、許可したアクセスと拒否したアクセスをログとして記録に残します。この記録を見れば、攻撃の有無や攻撃の様子が、履歴として確認できます。

図2.3.2：Windows10のファイアウォール設定

● **2　ウィルス対策ソフト**

ウィルスは、疾病のウィルスと同様に感染・潜伏・自己増殖といった特性を持ちます。先にウィルス対策として気を付けることを説明しましたが、ソフトウェアで発見、排除できるようにしておくことが、現在できる最大のウィルス対策になります。そのようなソフトウェアは、**アンチウィルスプログラム**と呼ばれます。

ウィルス対策ソフトは、最新のウィルス名を定義したファイルを利用して検出します。**定義ファイル**と一致したパターンを見つけると、ウィルスを封じ込めます。定義ファイルはインターネットなどを通じて定期的に更新されます。パターンが一致していなくても、おかしな動きをするプログラムを検出するなど、未知のウィルスにも対処します。

また、主要なプロバイダでは電子メールの受信の際、「**ウィルスチェックサービス**」をするオプションサービスが設けられています。これは、ウィルスに感染した添付ファイ

ルの有無を、プロバイダ側がメールサーバー上でスキャンチェックし、もし感染していたら添付ファイルを削除するサービスです。

ウィルスを含む、悪意のある有害なソフトウェアのことを**マルウェア**（malware）といいます。Windows10には、**Windows Defender**というマルウェア対策ソフトウェアが搭載されています。

図2.3.3：Windows Defender。メールの添付ファイルもチェックしてくれる

図2.3.4：Windows DefenderはPCを自動的にスキャンしてくれる

● 3　もっと安全に

セキュリティにはさまざまな対策技術があります。機密保護やデータの改ざん防止対策として代表的なものが**暗号化**です。コンピュータ内部では、すべてのデータが2進数の数値として扱われます。つまり1と0の羅列になるのですが、この組み合わせを一定の規則で並び替えることによって、第三者が情報を盗聴したり、改ざんしたりできないようにするのが暗号化です。

また、コンピュータシステムの利用者を**ユーザーID**と**パスワード**で確認するのが**アクセス管理**です。管理者側がアクセス権を設定した上で、正当な利用者に発行します。しかし、ユーザーIDやパスワードの管理が悪いと、第三者のなりすまし行為を許してしまいます。

最後に**認証**です。認証とは、システムなどの利用者が許可された者であるか、メールやファイルの内容が改ざんされていないか、受信した文書が途中で盗聴されていないかといった正当性を確認する技術です。

図2.3.5：共通鍵による暗号化のしくみ

2-3-4　常時接続のセキュリティ

● 1　ブロードバンドの落とし穴

定額による常時接続、使い放題がブロードバンドの特徴です。常時接続では、常にインターネットに接続している状態です。こうした状態は、悪意のあるハッカーが侵入する可能性や他人のコンピュータを攻撃するための踏み台にされる可能性が高くなります。

したがって、常時接続ではセキュリティ対策も積極的に行わなければなりません。

常時接続でユーザーに割り当てられた**IPアドレス**は、パソコンの電源を切るなどしないと変更されません。固定に近い状態のため、侵入者にIPアドレスを取得されると、悪用される危険があります。

不正侵入を入口のところで防ぐのが**ファイアウォール**です。しかし、不正侵入を試みる人は、「**裏口**」を見つけ出そうとします。こうした「裏口」のことを**セキュリティホール**といいます。セキュリティホールはソフトウェアの**脆弱性**とも言われ、「不正侵入」と「ウィルス感染」という危険をもたらします。

セキュリティホールは1つ、2つということはなく、常に新しいものが見つかっています。セキュリティホールは見つかり次第、**修正プログラム**を実行することが鉄則です。この作業を「**パッチをあてる**」といいます。つまり、使っているOSやブラウザ、電子メールソフトをアップデートし、常に最新版にしておくことで、脆弱性を排除するのです。

セキュリティホールやアップデートに関する情報は、インターネット上に公開されています。自動的にアップデートされないときは、こまめにチェックしましょう。

図2.3.6：Officeの更新プログラムの画面

● **2　IDSで監視**

コンピュータシステムに対する脅威はハッカーやウィルスなどによる外部からの攻撃、侵入だけではなく、内部の人間によるデータ流出といったことも考慮しなければなりません。

コンピュータシステムに対する不正侵入や不正行為を検知し、通知するシステムを**IDS**

(Intrusion Detection System）といいます。コンピュータシステムで不正が行われていないかを監視するカメラのようなものです。

IDSの基本的な機能は、ハッカーによる侵入攻撃パターン及びOSやアプリケーションソフトのセキュリティホールへの備え、内部の人間のコンピュータ活動を監視・記録への備え、異常時の早急な通知などです。これにより、インターネットに接続したLANはセキュリティが向上し、システムの稼働性およびデータの保全性が保証されるようになります。

IDSをファイアウォールと併用することで、効果的なセキュリティ対策を実現できます。

2-3-5 自分の身は自分で守る

● 1　ファイアウォールの限界

ファイアウォールは、外部からの接続要求を自動的に検知し、ユーザーの求めた通信だけを許可することで、不正アクセスによる侵入を遮断しています。たいていの不正侵入に対しては有効な手段といえます。しかし、ユーザー自身が求めたホームページやダウンロード、電子メールは通過させます。そこにウィルスがとりついていた場合には役に立ちません。そのため、ユーザー自身が気を付ける必要があるわけです。

しかし、ユーザーの注意だけで防ぎきれないというのも現実です。そこで、ファイアウォールと必ず併用したいのが**ウィルス対策ソフト**です。巧妙に入り込んできたウィルスを発見し、早急に押さえ込むには欠かせません。

● 2　個人のセキュリティ意識

どんなにファイアウォールやウィルス対策ソフトを使っても、使う側にセキュリティ意識がなければ、結局は被害を受けてしまいます。

脅威からどのように守るかの基本的な考え方をとりまとめたものを「**セキュリティポリシー**」といいます。政府や企業、ISOなどで規定されています。セキュリティポリシーでは、ハードウェアの障害や操作ミスによるデータの損失、不正侵入者によるデータの盗聴や改ざんなどに対して、利便性とコストを考慮しながらたてる具体策が示されています。

ただし、ポリシーを定めてもそれを守るのは人であることを忘れてはいけません。

- 情報セキュリティポリシーに関するガイドライン／首相官邸
  http://www.kantei.go.jp/jp/it/security/taisaku/guideline.html

●3　パスワード管理

　第三者になりすましをされるケースでは、**パスワード管理**に問題がある場合が多くあります。銀行のキャッシュカードの「**暗証番号**」を他人に教えたり、無防備にメモを貼り付けたりしないのと同様に、コンピュータのパスワードもしっかり管理しなければなりません。もし、パスワードを使って不正侵入が行われ、被害にあった場合、パスワードの管理がいい加減であったとして懲罰を受けることもあり得ます。

　パスワード管理の注意点はいくつかあります。他人にパスワードを教えてはいけないというのは基本中の基本です。手帳に書いたり、付箋に書いてディスプレイに貼り付けたりしてもいけません。

　また、パスワードをブラウザの**オートコンプリート機能**を利用して記憶させておくと、そのパソコンを使えば侵入できるので危険です。

　長期間同じパスワードを使うのを止め、定期的に変更すべきです。パスワードの付け方にも注意が必要です。生年月日、電話番号や住所の一部、英単語やキーボード配列の一部をそのまま使うのは厳禁です。英字と数字と記号（使用できるものに一部制限はあります）を組み合わせ、最低でも6桁、できれば8桁以上にします。

●4　著作権侵害

　インターネットでは被害者となると同時に加害者になる可能性もあります。他人の文章、写真などの著作物には**著作権**があり、利用方法によっては、**著作権侵害**になります。

　「著作権」は著作権法によって保護されています。コンピュータプログラムも著作権法第10条で「プログラムの著作」と定められています。インターネット上での著作権を「デジタル著作権」という言い方をするときもありますが、法律上区別はありません。

　他人の著作物を利用するときは著作権者の許可が必要になります。その際、対価や契約などが発生することもあります。こんなものにまで著作権があるのかと驚くこともありますが、「著作権のないものはない」という考えを持つことです。

- **著作権って何？（はじめての著作権講座）／公益社団法人著作権情報センター**
  http://www.cric.or.jp/qa/hajime/index.html

3章

ビジネスマンの心得・心構えとしてのビジネスコミュニケーション

3章 ビジネスマンの心得・心構えとしてのビジネスコミュニケーション

3-1 ビジネスコミュニケーションからみた社会人・学生の心得リテラシー

「ビジネスコミュニケーションからみた社会人、学生の心得」をテーマにした例題をもとにWordやPowerPointを使って文書を作成してみましょう。

3-1-1 社会人に必要な"ほうれんそう"

　大学等の高等機関を卒業して会社に入社すると、単に知識・教養を勉強・研究するだけではなく、人間関係も含めたあらゆる人間模様・葛藤などが存在しています。だれしもこの現状から避けて通れません。それならば、むしろ現状に立ち向かい、積極果敢に挑戦していくことが必要です。

　ここではそのための必須となる方法・方策を考えていきます。

例題 Wordで次の文書を作成しよう。

1.2 社会人に必要な具体例

★ほうれんそう

報告
- 経過や結果を伝える

連絡
- 情報を共有する

相談
- 分からないまま、悩んだままにしない

3-1 ビジネスコミュニケーションからみた社会人・学生の心得リテラシー

STEP 1 文字の入力と設定

1 Wordを起動して、「1.2　社会人に必要な具体例」「★ほうれんそう」を入力します。

2 ［ホーム］タブー［フォントサイズ］で［18 p］に変更します。

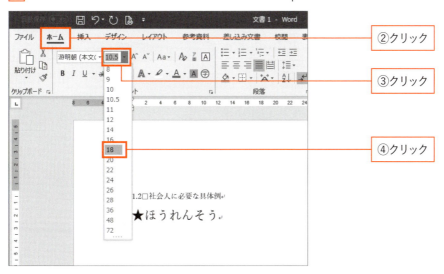

3章 ビジネスマンの心得・心構えとしてのビジネスコミュニケーション

STEP 2　SmartArtの挿入

1　[挿入] タブの [SmartArt] をクリックします。
2　[SmartArtグラフィックの選択] ダイアログの [リスト] をクリックし、[縦方向箇条書きリスト] を選んで [OK] をクリックします。

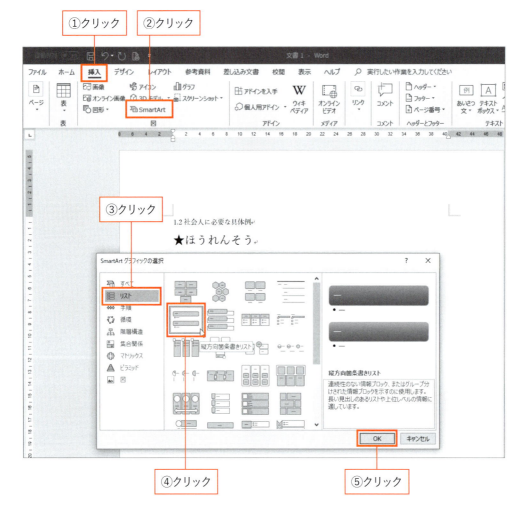

STEP 3　SmartArtに文字を入力

1　挿入したSmartArtをクリックします。
2　SmartArtツールの [デザイン] タブを選び、「テキストウィンドウ」をクリックします。

3-1 ビジネスコミュニケーションからみた社会人・学生の心得リテラシー

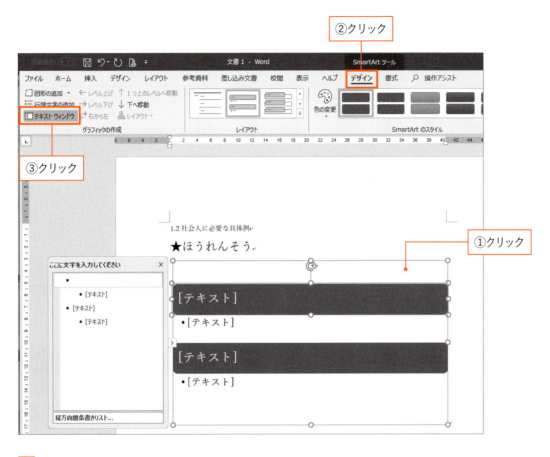

3 テキストウィンドウに「報告」「経過や結果を伝える」「連絡」「情報を共有する」を入力します。

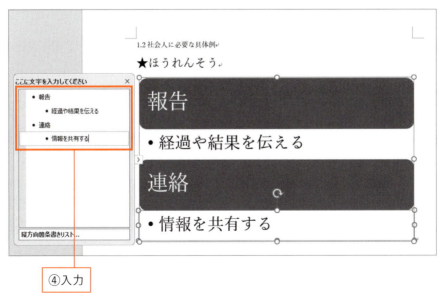

3章 ビジネスマンの心得・心構えとしてのビジネスコミュニケーション

STEP 4　SmartArtに項目を追加

1 テキストウィンドウの「情報を共有する」の右で[Enter]キーを押し、その下に、「相談」「分からないまま、悩んだままにしない」と入力します。

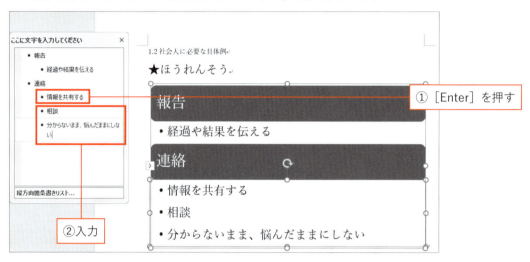

2 「相談」をクリックし、リボンから[レベル上げ]をクリックします。

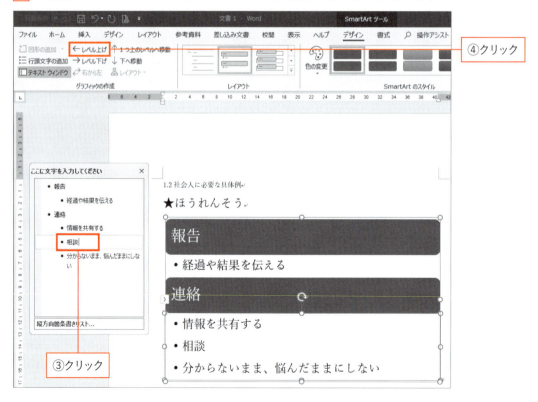

3-1 ビジネスコミュニケーションからみた社会人・学生の心得リテラシー

3 テキストウィンドウを閉じます。

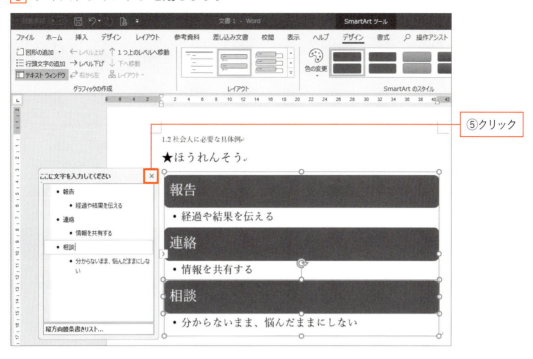

STEP 5　SmartArtのデザイン設定

1 SmartArtツールの［デザイン］タブから［色の変更］をクリックします。
2 リストから［カラフル-アクセント5から6］を選択します（※SmartArtツールは図形をクリックすると表示されます）。

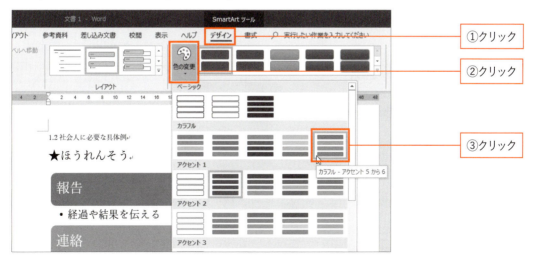

3-1-2 社会人と学生の相違

　ビジネスコミュニケーションからみた学生・社会人の心得リテラシーとして、学生（アマチュア）と社会人（プロ）の考え方、意識、問題の捉え方・視点などの相違を考えてみましょう。

例題 学生と社会人の相違はどのようなことだろうか？
Wordを使って表にまとめよう。

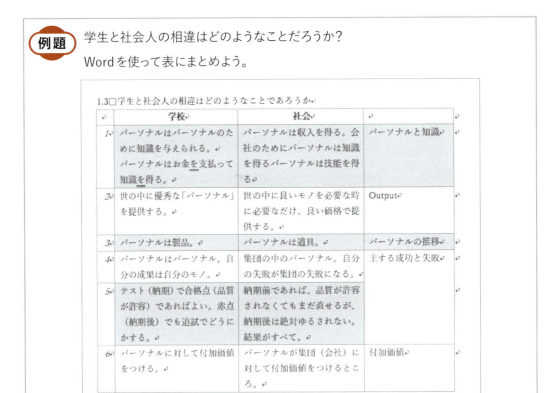

STEP 1　文字の入力

Wordを起動し、1行目に「1.3　学生と社会人の相違はどのようなことであろうか」と入力します。

STEP 2　表の挿入

1. ［挿入］タブ–「表」をクリックします。
2. 7行×4列を選んでクリックします。

STEP3　表に文字を入力

下のように表に文字を入力して、文字の配置や罫線を調整し、完成させます。

	学校	社会	
1	パーソナルはパーソナルのために知識を与えられる。パーソナルはお金を支払って知識を得る。	パーソナルは収入を得る。会社のためにパーソナルは知識を得るパーソナルは技能を得る。	パーソナルと知識
2	世の中に優秀な「パーソナル」を提供する。	世の中に良いモノを必要な時に必要なだけ、良い価格で提供する。	Output
3	パーソナルは製品。	パーソナルは道具。	パーソナルの推移
4	パーソナルはパーソナル。自分の成果は自分のモノ。	集団の中のパーソナル。自分の失敗が集団の失敗になる。	主する成功と失敗
5	テスト（納期）で合格点（品質が許容）であればよい。赤点（納期後）でも追試でどうにかする。	納期前であれば、品質が許容されなくてもまだ直せるが、納期後は絶対ゆるされない。結果がすべて。	
6	パーソナルに対して付加価値をつける。	パーソナルが集団（会社）に対して付加価値をつけるところ。	付加価値

STEP 4　表スタイルの設定

1. 挿入した表をクリックします。
2. 表ツールの［デザイン］タブを選び、［表のスタイル］グループの［その他］をクリックします。

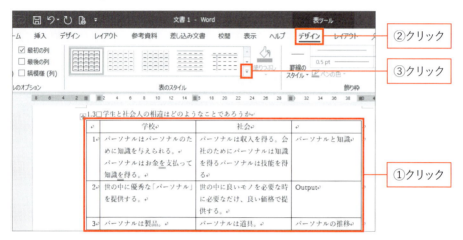

3. リストから、［グリッド（表）7　カラフル　アクセント1］を選択します。

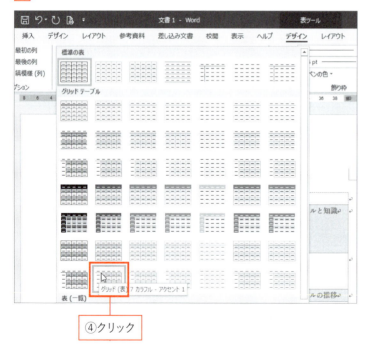

3-1-3 市場の変化についての流れ図

PowerPointを使って、市場の変化についての流れ図を作成します。

例題 PowerPointを使って、次の図を作成してみよう。

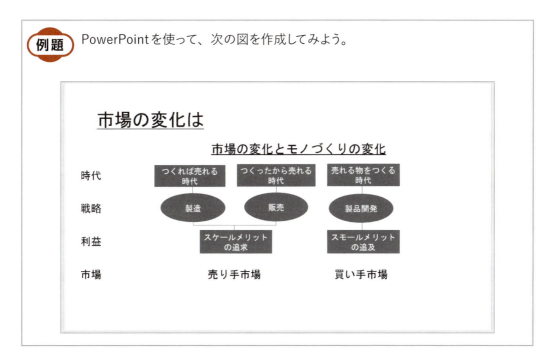

STEP 1 文字の入力

PowerPointを起動し、[新しいスライド] をクリックして、次のような文書を作成します。

3章 ビジネスマンの心得・心構えとしてのビジネスコミュニケーション

STEP 2　図形の挿入

1　［挿入］タブの［図形］を選択します。
2　リストから［正方形/長方形］を選びます。

3　挿入したいところでドラッグして図形を作成します。

4　挿入した図形を選んで［コピー］、［貼り付け］を繰り返し、4つ複製します。
5　図形をドラッグし、図のように並べます。

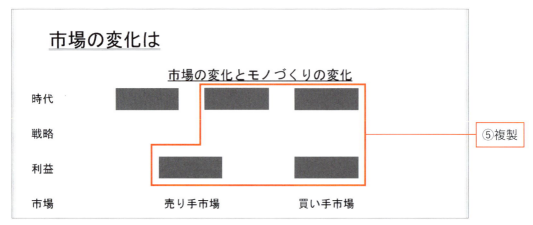

3-1 ビジネスコミュニケーションからみた社会人・学生の心得リテラシー

6 [挿入] タブから [図形] を選択し、[楕円] を選びます。

7 ドラッグして、楕円を挿入します。

8 [コピー] と [貼り付け] をして複製し、楕円を図のように配置します。

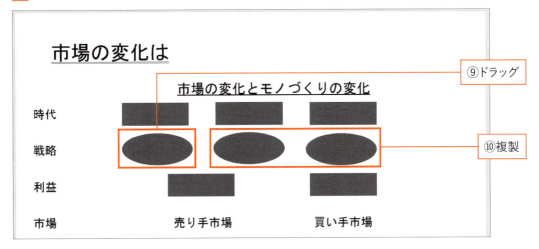

9 [挿入] タブから [図形] を選択し、[線] を選びます。

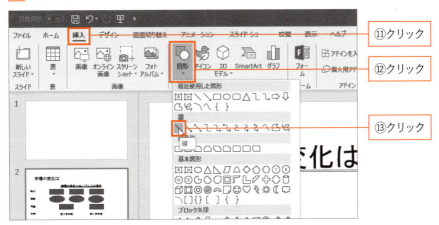

10 ドラッグして線を引き、コピーや貼り付けをしながら、図のように線を配置します。

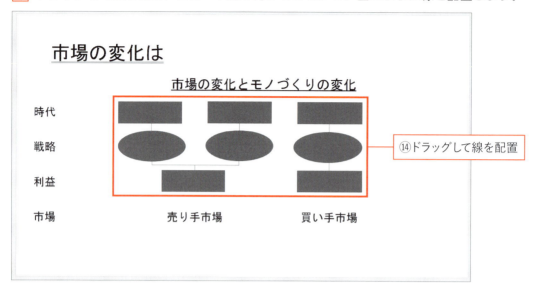

STEP 3 文字の入力

1 図形をダブルクリックして、文字を入力します。
2 入力したら図形をドラッグして形を整えます。

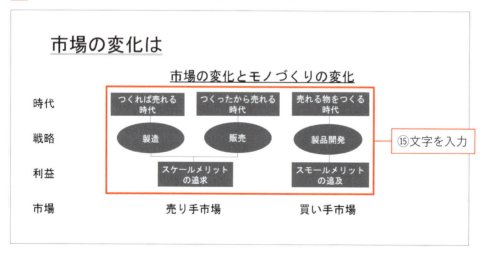

3-1 ビジネスコミュニケーションからみた社会人・学生の心得リテラシー

3-1-4 学生と社会人の相違

ビジネスコミュニケーションからみた学生・社会人の心得リテラシーとして、学生（アマチュア）と社会人（プロ）の考え方、意識、問題の捉え方・視点などの相違を考えてみましょう。

例題　PowerPointを使って、学生と社会人の相違について表にまとめよう。

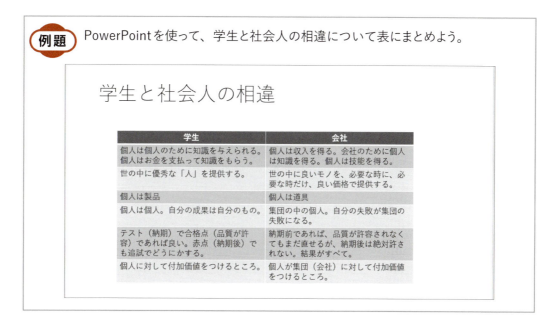

STEP 1　新しいスライドの作成

[1] ［ホーム］タブの［新しいスライド］を選びます。
[2] リストから［タイトルのみ］を選びます。

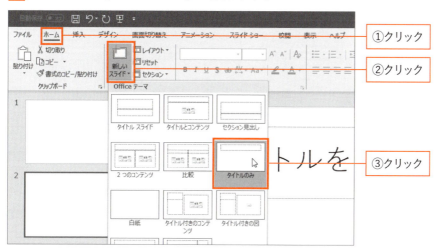

①クリック
②クリック
③クリック

3章 ビジネスマンの心得・心構えとしてのビジネスコミュニケーション

STEP 2　表の挿入

1　［挿入］タブの［表］をクリックし、7行×2列を選びます。
2　クリックすると表が挿入されます。

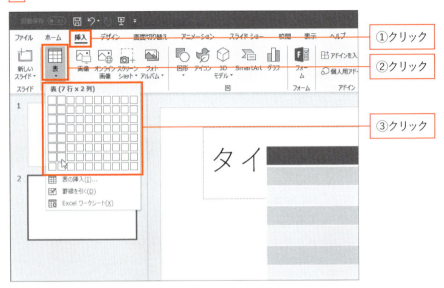

①クリック
②クリック
③クリック

STEP 3　表への入力

1　挿入された表内をクリックし、次のように文字を入力します。

学生	会社
個人は個人のために知識を与えられる。個人はお金を支払って知識をもらう。	個人は収入を得る。会社のために個人は知識を得る。個人は技能を得る。
世の中に優秀な「人」を提供する。	世の中に良いモノを、必要な時に、必要な時だけ、良い価格で提供する。
個人は製品	個人は道具
個人は個人。自分の成果は自分のもの。	集団の中の個人。自分の失敗が集団の失敗になる。
テスト（納期）で合格点（品質が許容）であれば良い。赤点（納期後）でも追試でどうにかする。	納期前であれば、品質が許容されなくてもまだ直せるが、納期後は絶対許されない。結果がすべて。
個人に対して付加価値をつけるところ。	個人が集団（会社）に対して付加価値をつけるところ。

2　表をドラッグして位置や大きさを調整します。表の線をドラッグすると、セルの大きさが変更できます。

3-1 ビジネスコミュニケーションからみた社会人・学生の心得リテラシー

3 ［ホーム］タブの［中央揃え］で文字を中心に揃えます。

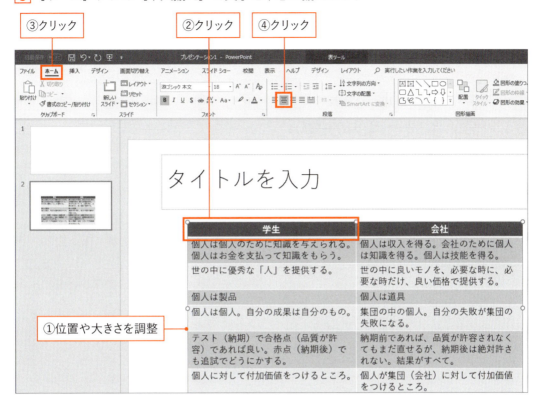

STEP 4　タイトル文字の入力

「タイトルを入力」をクリックし、「学生と社会人の相違」と入力します。

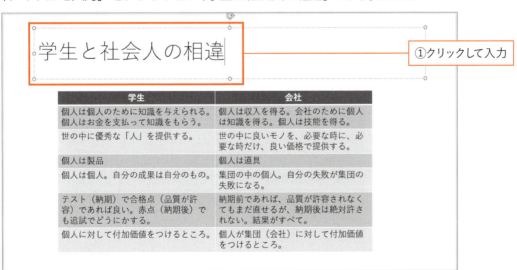

3章 ビジネスマンの心得・心構えとしてのビジネスコミュニケーション

3-2 ビジネスコミュニケーションからみた "手段と目的" と "必要な5つのS"

3-2-1 手段と目的の違い

　社会人・学生にとって、働く現場である企業で発生するさまざまな目的とそれを実現化・具現化するための経済的、工数的、信頼性などの面で最適な手段・ツールを考えます。

例題 PowerPointを使って、手段と目的の違いについての考えをまとめてみよう。

手段と目的の違い

穴を掘っている3人の職人の話

何をしているのですかと尋ねた

Aさん　見ればわかる通り、穴を掘っています。
Bさん　お金を稼ぐために仕事をしています。
Cさん　町の人が水に困らないように井戸をつくっています。

何かを求めて行動するならば、決して忘れてはいけないのが目的をめいかくにするということです。
目的があいまいでは成功は望めません。また、目的と手段を取り違われてしまうケースが非常に多く、一見目的が明確なようでも間違っている事もあります。

3-2 ビジネスコミュニケーションからみた"手段と目的"と"必要な5つのS"

STEP 1　文字の入力

PowerPointを起動し、以下の文書を作成します。

> 手段と目的の違い
>
> 穴を掘っている3人の職人の話
>
> Aさん　見ればわかる通り、穴を掘っています。
> Bさん　お金を稼ぐために仕事をしています。
> Cさん　町の人が水に困らないように井戸をつくっています。
>
> 何かを求めて行動するならば、決して忘れてはいけない
> のが目的をめいかくにするということです。
> 目的があいまいでは成功は望めません。また、目的と手
> 段を取り違われてしまうケースが非常に多く、一見目的
> が明確なようでも間違っている事もあります。

STEP 2　図形の挿入

[1]　[挿入] タブの [図形] を選択し、[四角形：メモ] を選びます。

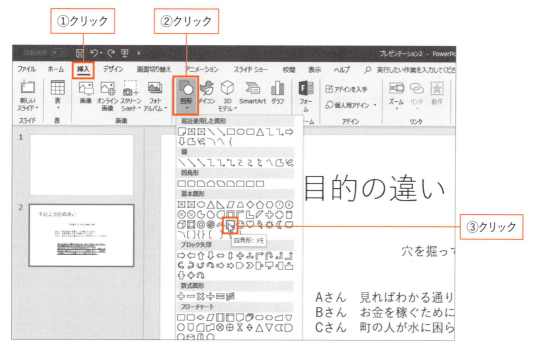

3章 ビジネスマンの心得・心構えとしてのビジネスコミュニケーション

2 挿入したい位置でドラッグします。

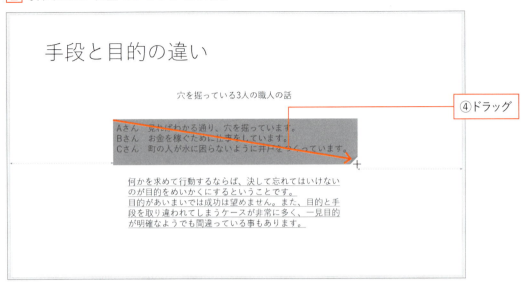

3 図形をクリックして選び、右クリックして、[最背面へ移動]を選びます。

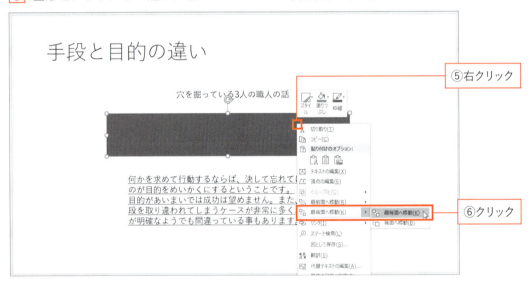

STEP 3　塗りつぶしの色を変更

1 挿入した図形を選択します。
2 描画ツールの[書式]を選び、[図形の塗りつぶし]の[▼]をクリックします。
3 リストから「灰色、アクセント、3、白＋基本色80％」をクリックします。

3-2 ビジネスコミュニケーションからみた"手段と目的"と"必要な5つのS"

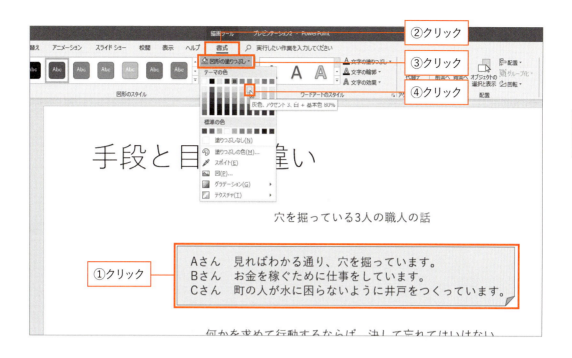

STEP 4　楕円図形の挿入と設定

1　STEP2と同じように［挿入］タブの［図形］を選択し、［楕円］を選んで挿入します。
2　描画ツールの［書式］を選び、［図形の塗りつぶし］をクリックして「緑、アクセント6、白＋基本色80％」に設定します。

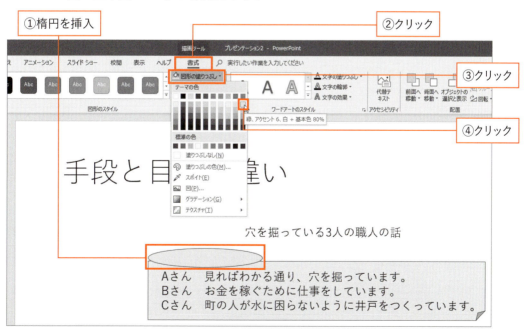

STEP 5 楕円図形の文字入力

1. 楕円をダブルクリックし、「何をしているのですかと尋ねた」と入力します。
2. ［ホーム］タブの［フォント］グループで、［MSゴシック］［12ポイント］［黒］に設定します。

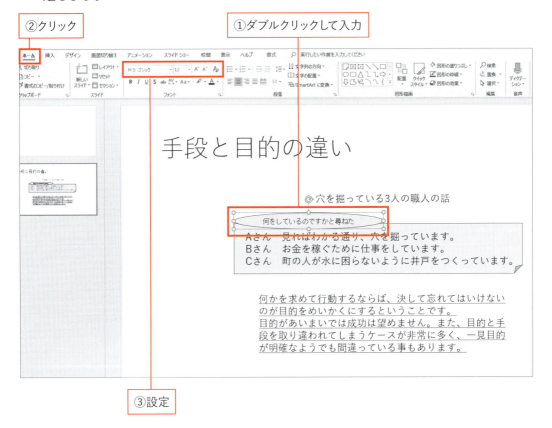

3-2 ビジネスコミュニケーションからみた"手段と目的"と"必要な5つのS"

3-2-2 学生と社会人の相違の視点から、ビジネスコミュニケーションに必要な5つのS

学生と社会人の相違の視点から、ビジネスコミュニケーションに必要な代表的な整理・整頓・清掃・掃除・躾のいわゆる5つのSについて、図を入れて説明します。

例題 5つの心得について、下記に示すようにわかりやすく、Wordを使ってプレゼンテーションしやすい作図をしてみよう。

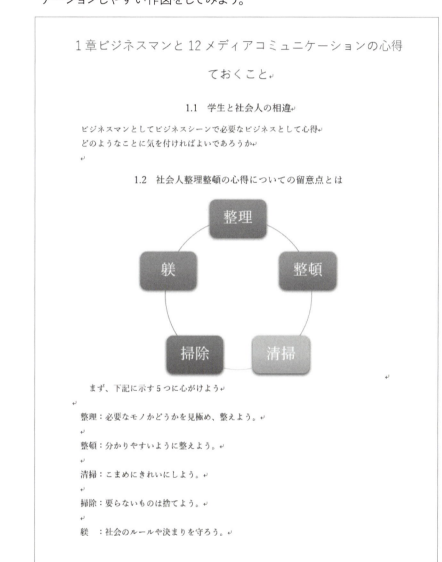

3章 ビジネスマンの心得・心構えとしてのビジネスコミュニケーション

STEP 1　文字の入力

Wordを起動し、以下の文書を入力します。

1章ビジネスマンと12メディアコミュニケーションの心得ておくこと

1.1　学生と社会人の相違
ビジネスマンがビジネスシーンで必要な心得としてどのようなことに気を付ければよいであろうか？

1.2　社会人整理整頓の心得についての留意点とは
　まず、社会人整理整頓の心得について、下記に示す5つに心がけよう

整理：必要なモノかどうかを見極め、整えよう。

整頓：分かりやすいように整えよう。

清掃：こまめにきれいにしよう。

掃除：要らないものは捨てよう。

躾　：社会のルールや決まりを守ろう。

STEP 2　文字のスタイルを設定

1　「1章ビジネスマンと12メディアコミュニケーションの心得ておくこと」にカーソルを移動します。

2　［ホーム］タブを選び、［スタイル］グループの［その他］をクリックします。

3　リストから［表題］をクリックします。

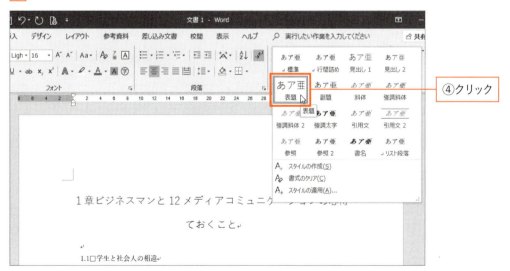

3章 ビジネスマンの心得・心構えとしてのビジネスコミュニケーション

4 「1.1　学生と社会人の相違」と「1.2　社会人整理整頓の心得についての留意点とは」を「副題」に変更します。

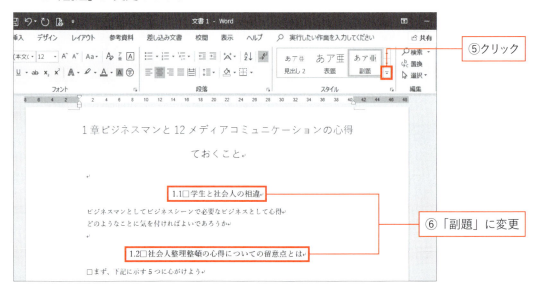

STEP 3　SmartArtの挿入

1 [挿入] タブを選び、[SmartArt] をクリックします。
2 [集合関係] を選び、「矢印無し循環」をクリックします。
3 [OK] ボタンをクリックします。

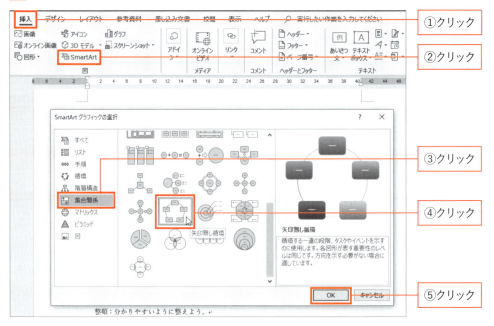

84

STEP 4　SmartArtに文字を入力

SmartArtに「整理」「整頓」「掃除」「清掃」「躾」と入力します。

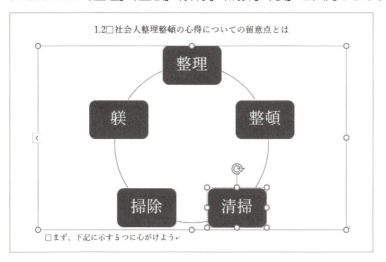

STEP 5　SmartArtのデザインを設定

1　挿入したSmartArtをクリックします。
2　SmartArtツールの［デザイン］を選び、［色の変更］をクリックします。
3　リストから［カラフル-全アクセント］を選択します。

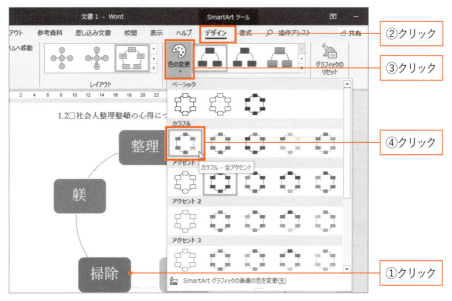

4 ［SmartArtのスタイル］グループの［その他］をクリックします。

5 リストから「光沢」を選びます。

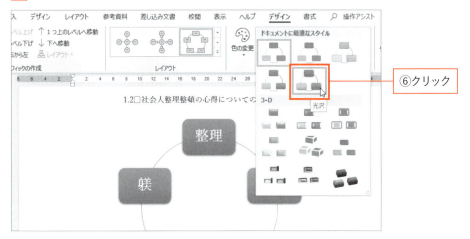

4章

文学と漫画から学ぶ
コミュニケーション力

4章 文学と漫画から学ぶコミュニケーション力

4-1 林芙美子の文学に描かれる多文化コミュニケーション

4-1-1 多種多様を求めて

　昭和初期から戦後の日本において活躍した**林芙美子**（1903〜1951）は、『**放浪記**』や『**浮雲**』などで知られる女性作家です。ここでは、彼女の卓越したコミュニケーション能力に焦点をあてていきたいと思います。無類の旅好きであり、国内、国外を問わず、様々な場所を訪問した芙美子は、それらの地において、独自とも言える高いコミュニケーション力を駆使しながら生き抜き、作品を記しました。例えば、コミュニケーション上手の芙美子は、移動の際は頻繁に「三等車」（最下級の車両）を利用し、「旅は道連れ」とばかりに人々との交流を楽しんでいます。

> 私の三等車の前の席についているのは田舎道をぽくぽく歩いているような老人です。私は品川で買った弁当を、さて買ってみたものの大して食欲もないといった気持から、この素ぼくな老人に「失礼でなかったら」と差し出しますと、その老人はよろこんで私の弁当をもらってくれました。その弁当が機縁で老人は鳥居飛行士のお父さんだということがわかり驚いてしまいました。羽田の飛行機でこの鳥居氏には私もお目にかかり親しくお話したことがあるのでお互いに驚きながら話しあったことです[注1]。

　さらに、宿に着けば、そこの女将や女中との会話に花を咲かせ、様々な話を聞き出すことに余念がありません。とにかく芙美子は、人間に対して飽くなき興味を抱くのです。どこに行こうとも、その土地に生き、生活する人間に注目し、彼らを描く。政治やイデオロギー、きれいごとではなく、こうしたものを抱かざるを得ない人間そのものにまなざしを注ぎ続けました。

　様々な人間の姿を求めるように、芙美子は海を超えてさらなる土地へと向かっていきます。日本においては「あらゆるものが神経過敏に、まとまり過ぎて」いること、ゆえに「せせこましくて嫌い」であることを訴え、大陸に移動してのびのびとしたいと言い、また、

注1　林芙美子『旅だより』（1934年8月　改造社）P.32

4-1 林芙美子の文学に描かれる多文化コミュニケーション

「小さな、ゆうづうのきかない大和魂というものに、あいそをつかしている私は、大陸魂というものを吸って来ようと思っています」[注2]

と述べる芙美子は、『放浪記』で手に入れた印税を手に、大陸へと足をのばすこととなります。巡ったのは、当時の満州、中国の街でした。神経過敏ではなくおおらかに。せせこましくまとまる必要はなく、多種多様に。こうしたものこそが、彼女が求めた「大陸魂」であったのではないでしょうか。林芙美子という存在の根本には、「大和魂」よりも、より雑多で多種多様な「大陸魂」が根付いていたと考えられます。

いずれにせよ、様々な人々や文化が混在し、刺激を受けることができる**多種多様な文化空間**は、彼女にとって、とても居心地がよいものであったようです。本稿では、林芙美子が訪れたいくつかの**多文化共生空間**を紹介しながら、そこにおけるコミュニケーション方法を探っていきます。

4-1-2 ロシア体験からみる多文化コミュニケーション

はじめての大陸旅行の翌年、1931年に、芙美子はさらなる旅を試みます。シベリア鉄道による大陸横断のあと、ヨーロッパに滞在する大旅行でした。広大な**ロシア**をいくシベリア鉄道の体験はいくつかの作品に記され、多種多様な人々が描かれています。そもそも、ロシアは**多民族**の地であり、さらに、シベリア鉄道は世界各地の人々が乗車する、実に「大陸」的な列車であったようです。中国人の兵隊、音楽好きなドイツ人、下品なアメリカ人の男、ポーランドの美しい女性、なつかしそうに日本語を話す朝鮮人の青年……。様々な国籍、様々な身分の人々を乗せて走る列車の中で、芙美子は「三等車」に陣取りました。日本においていつもそうしていたように、です。そして、多種多様な人々を、「食」という一つのアプローチによって、観察したのです。

食堂へ行くと、これはまた軍人と智識階級と、何と参円のアベード（中食）をがつがつと食べている人達ばかり。うどん粉料理が三ルーブルだ。ハラノルから乗車したピオネールは、私にブルキイ（パン）をくれると云ってねだる。ソヴェートは士工商農の状態だ。日本のコクミンがあこがれている露西亜はどこにある？　農民労働者は、うどんこの食堂にも入れないで廊下につっ立って固いパンをかじっていた。なりあが

注2　林芙美子「大陸へ」（「読売新聞」1930年7月27日）

りものの軍人食堂と、食堂のない農民を乗せたシベリヤの列車に、私は三等室で窓外の雪ばかりを視つめている——[注3]。

　食堂に入ることができない「三等車」の人々。芙美子のまなざしの原点もここにあります。決して高見に立つことのない、このまなざしこそが、芙美子のコミュニケーションの基点です。だからこそ芙美子は、三等車内において多種多様な人々と交流することができ、彼らの素の姿を作品に記すことができたのでしょう。例えば「西伯利亜の三等列車」に描かれるのは、日本の紙風船を喜んで受け取ってくれた白系ロシア人のお婆さん、茶やスープをごちそうしてくれ、涙したときには慰めてくれる親切なボーイ、しばしば廊下で立ち話をしたやさしい瞳をもつ若い青年、「ヤポンスキー」と人なつっこく呼びかけてくる貧しい少年ピオニエール、芸者の下駄の音の話で盛り上がった漁師、日本の眉墨が欲しいという赤ん坊連れの女、等々です。芙美子によって描かれる人々のほとんどは親切で素朴でした。自らの境遇や胸のうちを語り、そこに気取りや威嚇はありません。これは、芙美子が自身を自らの原点である「三等」に置き、心を開くからでしょう。彼女は決して、人の人生を否定したり、高見に立って指導したり、裁くことはありません。あくまで同じ立場から「人間はそういうものです」とばかりに許容し、気持ちを共にしていくのです。

　もちろん芙美子はロシア語を話すことはできません。しかし、でたらめなロシア語で周囲を笑わせ、「フウシャ」という愛称を付けられ、大変かわいがられています。恐るべしコミュニケーション能力です。芙美子はシベリア鉄道を、なんのことはない、まるで信州に行く汽車の三等列車のようだ、と言っています。芙美子のコミュニケーション能力は国を超え、現実を必死に生きる人間同士の心の交流を可能にしていったのでした。

4-1-3　インドネシア体験からみる多文化コミュニケーション

　一方で、国の使命を背負った仕事の場においても、独自のコミュニケーション能力を発揮しています。

　1942年10月末から翌年の五月まで、芙美子は陸軍省報道部に派遣され、南方の日本軍占領地へと赴いています。東南アジアの国々を巡回しながら、とくに**インドネシア**に長く滞在し、現地視察を積極的に行いました。女性作家の目から軍政地を広く国内に知らしめるために、彼女の手記は新聞や雑誌に発表され、その中には、現地の村におけるホーム

注3　林芙美子「シベリアの汽車」(『三等旅行記』1936年4月　河出書房) P.127～128

4-1 林芙美子の文学に描かれる多文化コミュニケーション

ステイ体験や、女性たちとの交流の様子についての記事もあります。

　もちろん、戦時中の職務であるゆえ、軍部が彼女に課した現地の人々との「交流」の真の目的は戦略的なものであったはずです。しかし注目すべきは、これらの職務をまっとうしながらも、それを超えたところで、人間の交流を果たしている、ということです。

　例えば、1948年1月のトラワスという村におけるホームステイですが、主要な目的は、インドネシアにおける稲作の現地調査であったと考えられています。しかし芙美子は、職務を全うしながらも、いつしか、そこで暮らす人間の姿に熱いまなざしをむけるようになります。世話をしてくれる村長夫妻、郵便配達夫、稲作に従事し、ときに芙美子の道案内を行う農民たちを活き活きと描きながら、村の祭りの様子を自らの感性で印象的に捉えています。

　　田圃では大きな螢が飛び、ギターの太い音色のような食用蛙がないている。螢は時々人ごみの中にも飛んで来た。山嵐は爽涼としていて、ペナングアンの山も影絵のように月夜の空にくっきりと浮び出ている。その豊穣な収穫のよろこびが、こんなにも農村の人達のこころをかきたてて歓びの祭を天へささげるのかと、私はこの初々しい米の祭りの市を珍しく眺めていた。広場では裸足の女や男のロンギンが始まっている。ガムランは少しづつ高調子になって来た。何時の間にか、村長のスプノウ氏夫妻も私のそばにやって来た。月の空を夜鳥がなき渡ってゆく[注4]。

　五感を駆使しながら表現される土地とそこに生きる人々の姿が、一つの美しい映像として読者の前に提示されています。そこにあるのは稲作と人間との結びつきであり、米と人との一体化、すなわち、**存在の共有**です。さらには、これを描く芙美子のまなざしもまた「存在の共有」の中にあることが特筆すべき点でしょう。彼女の視点は、稲作の土地に暮らし、米を主食とする同じ人間としてのそれであり、そこには「国」というフィルターはありません。彼女は日本人としてインドネシア人を見ているのではなく、米を食べる一人の人間として祭りを体感しているのです。芙美子はその後、用意されていた移動用の籠を断り、村人たちと一緒に、自らの足で帰宅することを望みます。**村人との一体感**を肌で感じながら、芙美子は彼らと、そして土地と、存在を共有したのです。

　芙美子はどのような大きな意図の中に自らを置こうとも、自分の目で見、自分の耳で聞き、土地を歩き、舌で味わったことに重きを置いています。自らの体感や感性に基づく言

注4　林芙美子「南の田園（2）水田祭」（「婦人公論」1943年10月号）P.54

葉で語る彼女の姿勢は、現地の女性たちとの交流会においても発揮されています。軍政を浸透させるために、女性たちに対して女性作家から「文化工作」を行うことを目的とした交流会ではありましたが、芙美子の立ち居振る舞いと口調は現地女性たちに親しみと共鳴を与えたようです。当時の新聞は次のように伝えています。

> 林女史は微笑をたたえながら立ち上がった。純朴な魂の持ち主であることは、一目瞭然だ。黒地に白の水玉模様のワンピースに身を包み、白の靴を履いたその姿は、まさに純朴そのものであった。目が繊細な輝きを放ち、芸術家としての純潔な血を印象付けた。林女史は落ち着いた繊細な声で、自分は語り手ではないが、自分が心で感じたことを全て話したいと言った。今回の旅行中の体験を全て出席者に話すことはもちろんできないが、将来、これについての本が出版されたら、インドネシア語に翻訳され、こちらの婦人たちも読むことができるよう、期待している。また、林女史は、戦争が終わってから、日本の自宅で本日の会合で出席した婦人たちと再会し、みなさんを日本に案内したい、と言った(会場に笑い声が聞こえた)[注5]。

「**心で感じたこと**」、すなわち、他人の言葉ではなく、自らの心で感じた血の通った言葉で話そうとする芙美子の真摯な姿と、それを感じる記者(と聴衆)の様子が伝わってきます。人と人とのコミュニケーションの原型を、見ることができるのではないでしょうか。

4-1-4 コミュニケーションから文学へ

以上のように、ロシアとインドネシアという**多文化共生空間**において、林芙美子は独自の**コミュニケーション能力**を発揮していたことを紹介しました。彼女はどのような状況にあっても、国家やイデオロギーという枠ではなく、常に人間を見、人が生きてあることの現実を直視し、同じ立場から、それを許容していくまなざしをもち、人々と交流していました。

このような芙美子のまなざしは、幼少期の経験によるところが大きいと言えます。行商を営む両親のもと、各地を転々とし、底辺に生きる様々な人々と寝起きを共にしていた体験が、彼女の中に多種多様な人々とのコミュニケーション能力を形成させていったと考えられるのです。

注5 「スアラアジア」1943年2月13日「県庁における婦人たちと林芙美子女史との会合」(インドネシア語) 日本語翻訳スーシー・オング

4-1 林芙美子の文学に描かれる多文化コミュニケーション

　この木賃宿には、通称シンケイ（神経）と呼んでいる、坑夫上りの狂人が居て、このひとはダイナマイトで飛ばされて馬鹿になった人だと宿の人が云っていた。毎朝早く、町の女達と一緒にトロッコを押しに出かけて行く気立ての優しい狂人である。私はこのシンケイによく虱を取ってもらったものだ。彼は後で支柱夫に出世したけれど、外に、島根の方から流れて来ている祭文語りの義眼の男や、夫婦者の坑夫が二組、まむし酒を売るテキヤ、親指のない淫売婦、サーカスよりも面白い集団であった[注6]。

　この世の中には、多様な人間が生活しているということを、芙美子は身を持って感じていたのでしょう。そしてもはやこの感覚は彼女の本能のようなものとなり、彼女の人間観、文学観へとつながっていくことになります。

　様々な人間、様々な文化、様々な考え。そして、生きていれば、いろいろなことがあります。多種多様は、言い換えれば、豊穣であるということです。文学はそうした豊かな多種多様を描くことなのです。林芙美子は単にコミュニケーション上手な外向的な女性であっただけではありません。多種多様なフィールドにおけるコミュニケーション能力は、文学の中で見事に昇華され、本書で紹介したような様々な名作を生み出していくこととなったのです。

注6　林芙美子『放浪記』（2003年6月　第43刷　新潮文庫）P.11〜12

4-2 マンガとグローバルコミュニケーション

4章 文学と漫画から学ぶコミュニケーション力

4-2-1 マンガに描かれるグローバルコミュニケーションについて

●マンガの特性

マンガは**絵**と**文字**によって構成されています。絵だけ、文字だけといったように限定されていません。そのため、マンガは**多くのことを表現することが可能なメディア**であるといえます。

現在は、学習マンガや情報マンガといったように、子どもだけではなく青少年から大人さえもマンガを手にし、読んでいるような時代となりました。そんなマンガだからこそ、**グローバルコミュニケーション**さえ描くことが可能であるといえます。マンガは国境さえも簡単に飛び越えてしまうのです。グローバルコミュニケーションの教科書となってもおかしくはないといえるでしょう。その理由は、マンガの特性とも関係があります。

日本を代表するマンガ家である**石ノ森章太郎**は、法隆寺や東大寺などの天井板から発見された似顔絵も、マンガであると考えていました。当時の大工が描いたとされるそれらは、表情豊かであり、ユーモラスだといえます。「面白おかしく似顔絵を描くという精神が、もうマンガ家と同じもの」[注7]であると石ノ森はいっています。マンガはモデルの特徴を捉え、デフォルメをきかせてキャラクターを作り上げていくものです。このことから、**誰もが共有できるイメージ**を作り上げることが可能だといえます。石ノ森は海外旅行の経験も豊富であることからも、**多種多様な人種**をキャラクターとして描き分ける技術に優れていました。

そんな石ノ森章太郎ですが、彼は膨大なメディアへと成長しながらも、停滞しつつあったマンガに対する危機感から「**萬画宣言**」を提唱しました。この内容こそマンガの特性をよく表しているものだといえます。

　　萬画とは、読んで字のごとく萬(よろず)の画である。
　　よろずの事象を表現でき、よろずの人から愛され親しまれるこのメディアは、いまや

注7　石ノ森章太郎「マルチメディア〝萬画〟史」『中央公論』110 (13)、中央公論社、1995年10月、p.241

一から萬までのコマによる表現すべてを包括している。すなわち無限大の可能性を持つミリオンアートなのだ[注8]。

かつては悪書とされていたマンガも、今や日本の文化の一つとされています。そして、「よろずの事象」として表現できるものの中にグローバルコミュニケーションも、もちろん含まれているのです。海外を舞台にしたマンガは成功しないといわれていた時代に、実際に海外で培ったグローバルな視点から作品を描いたのは石ノ森章太郎ぐらいでした。彼の代表作の一つでもある「**サイボーグ009**」は、マンガにグローバルコミュニケーションを持ち込んだ初期の作品であるといえます。これから、「サイボーグ009」を教科書としてグローバルコミュニケーションの描き方について見ていきたいと思います。

4-2-2 「サイボーグ009」にみられるグローバルコミュニケーション

●石ノ森章太郎について

「サイボーグ009」を描いた石ノ森章太郎はトキワ荘グループの一人として活躍したマンガ家です。あえて、ここで石ノ森の作品を取り上げたいのは、彼が1961年に**世界一周旅行**を行った稀有なマンガ家だからです。

1961年といえば、海外旅行が自由化される1964年よりも3年も前のことです。当時、海外といえば、まるでファンタジー世界と同じように現実味がなく、想像の世界でしかなかったような時代です。そんな中、アメリカ、ヨーロッパ、アフリカ、アジアとまさに世界を巡った初めてのマンガ家が石ノ森章太郎だったのです。もっとも、初めて世界一周旅行に行ったマンガ家という理由だけであれば、ここでわざわざ取り上げる必要もありません。石ノ森は本場での体験を初めて作品に取り入れたマンガ家であり、このことからも、グローバルコミュニケーションについてマンガを中心として語るには必須の人物といえるのです。

世界一周旅行での体験の一つにこんなことがありました。それは**ニューヨーク**での出来事です。キャバレーでお酒を飲んでいたところ、隣に座っていた白人の中年男性が、石ノ森に向かって突然早口でまくしたててきたのです。石ノ森が辛うじて聞き取れたのは「パールハーバー」と「ジャップ」という単語のみ。石ノ森も最初は黙って聞いていましたが、男性は罵声を浴びせ続けてきます。普段は温厚な石ノ森も、ついには自分でも驚くような大

注8　石ノ森章太郎『絆　不肖の息子から　不肖の息子たちへ』鳥影社、2003年12月、p.23

声で激しく怒鳴りつけてしまったそうです。ここで、普通ならば殴られたりしそうなものですが、男性は石ノ森の啖呵を聞いてゲラゲラ笑い始めました。そして、石ノ森の肩を叩いて握手をし、さらにはお酒までおごってくれたのだとか。

この出来事から、石ノ森は「気持ちさえ通じれば、言葉は二の次なんだとそのとき学んだのである」[注9]と「気持ち」を伝え合うことによって国籍など関係なく**友好関係を結べる**ということを作品に描くようになりました。

●マンガ「サイボーグ009」について

「サイボーグ009」は、1964年に『少年キング』(少年画報社)で連載が開始されました。サイボーグに改造されてしまった9人の戦いの日々や日常を描いた作品です。この9人は、世界各国から集められた男女のチームであり、当時の日本では、海外を舞台としたマンガ作品はあまり描かれていませんでした。「外国を舞台にしたマンガは受けない」とさえいわれていた時代に、石ノ森は多国籍な人々を主人公としたマンガを発表したのです。009たちはチームとなり、協力しあって強大な敵へと立ち向かっていきます。

このチームをメインとして、グローバルコミュニケーションが作品内では描かれています。石ノ森の描くグローバルコミュニケーションの真髄は〝**対話**〟にあります。しかし、これは言語による対話とは限りません。お互いの気持ちを理解するための対話であり、気持ちさえ通じあえば国籍の違う人間とでも、同じ人間なのだから協力することができると描いているのです。

マンガだからという理由もありますが、彼らには言語の壁は存在しません。009たちは、それぞれ001がロシア人、002はアメリカ人、003はフランス人、004はドイツ人、005はネイティブアメリカン、006は中国人、007はイギリス人、008はアフリカ人、009は国籍不明の父親と日本人の母親との間に生まれた日本語を母語とする青年として描かれています。それぞれの母語は言語形態からして異なりますが、マンガであれば、その言語の壁を取り払い、グローバルコミュニケーションの本質を描くことが可能です。

例えば、「サイボーグ009」の一つのエピソードである「サイボーグ戦士、誰がために闘う!編」はグローバルコミュニケーションが作品のメインテーマとなっているといっても過言ではありません。

009たちは日本で正月を迎えるために準備をしていました。門松を準備するときに、003は1人1本ずつ竹を切っていくことを提案します。これに対して004は「キミは長い

注9　前掲同、p.123

間／日本にい過ぎて／――日本人の／〝不合理病〟に／感染したんじゃ／ないのか……？」と003をバカにします。「こんなのは／東洋の……／特に日本の／迷信にすぎん」とまで言い切ってしまうのです。それに対して002は「よせよ／004／ヨーロッパの／クリスマスも／もとは新年を／迎える行事だっただろうが／――それを／キリスト教が／利用したまで／のことで……」と004をなだめようとしましたが、これにより「アメリカ人が／なんで日本の／俗信や不合理な／精神主義の／カタを持つん／だよッ！」と言い合いになってしまいます。彼らは個人の身体的特徴まで持ち出して口論を激化させていき、ついには、決裂にまで至ってしまいました。その後、007が変身能力を駆使して004と002の喧嘩に終止符を打つことになるのですが、それがまさにグローバルコミュニケーションの手本となっているのです。

　このとき、007は004に対しての解決法として002に変身して殴り合いの喧嘩をし、自分が徹底的に打ちのめされることによって004の不満を体で受け止めるといった手段をとりました。この行為に対し004は「な――なんて／ことをして／しまったんだ／オレは……！」「――002／……オレが／悪かった／許してくれ！！」と我に返り、許しを求めるのです。その際に002に変身した007は「……起して／くれ……！」と004の手をしっかりと握り締めます。このことにより、言葉ではなく、気持ちで004のチームワークの心を取り戻すことができたのです。

　002に対しては、004に変身した007がウォッカでの乾杯試合を持ちかけ、お酒を使ったコミュニケーションをとることで本音を語り合い、002と004の仲を修復しました。

　国籍の異なる者同士、ちょっとした習慣の差異で意見がぶつかることはよくあります。同じ国籍の人同士でも、意見を一致させることは大変です。しかし、お互いがお互いを思いやり、その気持ちを伝えることによって、大抵の問題は解決できるのです。このエピソードは009の「……そうだ！／――007は／一瞬でも失わ／れかけたチーム／ワークを／……／必死に取り戻そう／としたんだ！！」という言葉と共に終わります。

　まさに、この007のとった行動に、石ノ森が世界一周旅行で学んだグローバルコミュニケーションの真髄が描かれているといえます。それを説教くさく、押し付けるのではなく、マンガというメディアを用いることで、読者が素直に読み取ることができるように工夫されています。このマンガの持つ軽快さも、グローバルコミュニケーションの必要性を嫌味なく描き出す上では重要なポイントといえるでしょう。

4-2-3 マンガの可能性

● **マンガで描くことのメリット**

　グローバルコミュニケーションをマンガで描くメリットは、第一に**視覚化**を挙げることができます。思い描かれているバラバラのイメージを一人のキャラクターを創造することによって、特定の国に対する印象などを視覚化し、それを読者たちは共有することができるようになるのです。キャラクターのビジュアルによっては、その国の出身者に多い身体的特徴や服装、アクセサリーなどといったものからその国の文化までも簡単に理解することが可能となります。

　ほかにも、絵と文字を同時に使用できるといったマンガの特徴からも、分かりやすさに特化したメディアであるといえます。この「**分かりやすさ**」は、老若男女に親しまれやすいという一面も有しています。グローバルコミュニケーションをテーマとして描かれた作品を、学ぼうと意識しなくても読むことができてしまうのです。学ぶ気がなくてもいつの間にか学ぶことができるのはマンガならではのメリットだといえるでしょう。これまで自身の経験によってのみ形成された思想も、マンガを面白く読んでいるうちに、グローバルコミュニケーションにおける**相互理解の重要性**を登場人物の体験を通して知ることができるのです。

　また、親しまれやすいメディアであるといえる特徴の一つに、マンガの持つ「**軽快さ**」を挙げることができます。グローバルコミュニケーションといったものであっても、「サイボーグ009」のように笑いの中に潜ませることもできますし、アクションやラブロマンスといった作品として扱うことも可能だからです。

● **まとめ**

　マンガはグローバルコミュニケーションを知り、学ぶ上での有効なツールとなり得るといえます。グローバルコミュニケーションを専門的に学ぶ上でも、また一番最初に興味を抱くきっかけとしても、これほど親しみやすいメディアはないといえるでしょう。マンガは未だに変化し続けている表現メディアの一つです。まだまだ、成長を続けていくものだと思います。それは、グローバルコミュニケーションも同じことです。コミュニケーションに完成は存在しないのですから。変化し続けるグローバルコミュニケーションを描き出すには、同様に変化し続けていくといえるマンガは非常に適したメディアであるのです。

・参考文献
本論文のテキストとしては、石ノ森章太郎『SHOTARO WORLD サイボーグ009（全28巻）』メディアファクトリー、1998年7月〜2000年3月を参考としました。
石ノ森章太郎『遊びをせんとや生れけむ』メディアファクトリー、1997年6月
石ノ森章太郎『章説トキワ荘の春』清流出版、2008年6月
石ノ森章太郎『ボクはダ・ヴィンチになりたかった』清流出版、2008年7月
石ノ森章太郎『世界まんがる記　50年前の世界一周』清流出版、2008年8月

4章 文学と漫画から学ぶコミュニケーション力

4-3 コナン・ドイルの文学にみるコミュニケーション手法

4-3-1 コミュニケーションにおける「雑談」の役割と型

はじめに、コミュニケーションとはそもそもどういった行為と定義されているのかを、改めて確認します。広辞苑によればコミュニケーションとは次のような意味と定義されています。

【コミュニケーション（Communication）】
1. 社会生活を営む人間の間に行われる知覚・感情・思考の伝達。言語・記号その他視覚・聴覚に訴える各種のものを媒介とする[注10]。

つまりコミュニケーションの目的は、人間相互間における**情報の伝達**であると言ってよいでしょう。これを証明するように、コミュニケーションには目的となる**本題**の存在があります。本題の内容を相手に伝え、理解してもらうことがコミュニケーションの目的となります。しかし、多くの場合、いきなり本題の話に入ることは難しいでしょう。それが初対面の相手や、異国・異文化の人間であれば、なおさらです。このような場合、まず相手との心理的な距離感を縮め、いかに相互の信頼関係を築くことができるかがポイントとなります。コミュニケーションにおいて、この役割を担う要素の一つが「**雑談**」であると考えられます。

日本人同士のコミュニケーションにおいても、「雑談」から入るということは多々あります。直近のニュース、天気、スポーツ、芸能関係といった話題からコミュニケーションを始めるという人は多いでしょう。これらの「雑談」は、コミュニケーションにおける一種の**型**として、日本人の間に浸透しており、我々は意識せずこの手法を使っていると言っても過言ではないでしょう。

しかし、このコミュニケーションの型も、相手が異国や異文化の人間である場合には、通用しなかったり、共感を得られないケースが増えてきます。日本においても**グローバ**

注10 『広辞苑 第六版』（新村出編 岩波書店 1955 5月）P.1055

4-3 コナン・ドイルの文学にみるコミュニケーション手法

ル化の進展に伴い、欧米諸国に加え、東南アジアや南米といった国々の人々と関わる機会が増えてきました。結果として、従来の日本人のコミュニケーションの型が通用しなくなるケースがさらに増えることは、容易に想像できます。換言すれば、**多文化コミュニケーション**の場では、この型を変える必要に迫られると言えるでしょう。本章は、「文学と漫画から学ぶコミュニケーション力」と銘打たれています。そのため、先述したコミュニケーションの型に変わる手法を、**文学作品**から学ぶことが可能かを考えていきます。

4-3-2 シャーロック・ホームズ作品に描かれる「観察」という手法

　文学作品に描かれるコミュニケーションも様々です。コミュニケーションを会話の描写と考えれば、ほぼ全ての文学作品が対象となるでしょう。本項ではそれらの中でも特徴的なものとして、英国の小説家**アーサー・コナン・ドイル**（Arthur Conan Doyle 1859～1930）の代表作、**シャーロック・ホームズシリーズ**に描かれた「**観察**」の手法に注目します。

　シャーロック・ホームズシリーズにおいて、主人公であるホームズと依頼人が初めて会い会話を交わすとき、そこにはお決まりとも言えるパターンが存在します。ホームズが依頼人の外見的特徴や服装、動きといった点を観察し、依頼人の職業や行動をピタリと言い当てるというものです。例としてホームズシリーズの第一作である『**緋色の研究**』（*A Study in Scarlet* 1887）において、ホームズが記述者であるワトスン博士の経歴を推理した場面を見てみましょう。

> 「はじめまして」
> ホームズはていねいにいって私の手を握ったが、その握り方は言葉つきにも似ず、いささか乱暴と思われるほど強かった。
> 「あなたアフガニスタンへ行ってきましたね？」
> 「ど、どうしておわかりですか？」
> 私はびっくりした[注11]。

　ホームズはワトスンを一瞥しただけで、彼がアフガニスタン帰りだと見抜き、驚愕させます。その理由について、作中では次のように説明されています。

注11 『緋色の研究』（延原謙訳　新潮文庫 1953　5月）P.15～16

> ここに医者タイプで、しかも軍人ふうの紳士がいる。すると軍医にちがいない。顔はまっ黒だが、黒さが生地でないのは、手首の白いのでわかる。してみると熱帯地がえりなのだ。艱難をなめ病気で悩んだことは、憔悴した顔が雄弁に物語っている。左腕に負傷している。動かしかたがぎこちなくて不自然だ。わが陸軍の軍医が艱難をなめ腕に負傷までした熱帯地はどこだろう？むろんアフガニスタンだ[注12]。

　ホームズは、ワトスンという人間を「観察」し、得られた情報を自らの知識に照らし合わせ、彼がアフガニスタン帰りだという事実を論理的に導き出したのです。この一件は、ワトスンがホームズに強い興味を抱き、彼との**共同生活**を決意する契機となっています。この時ホームズは、共同生活を送ってくれる相手を探しており、結果的にホームズが行った「観察」と、その情報を活かしたコミュニケーションは彼の目的の達成に一役買っているのです。

　このような「観察」の手法は、ドイル自身が考えたものではなく、実際にドイルの大学時代の師が実践していたものです。ドイルによれば、師でありホームズのモデルでもあるエディンバラ大学医学部の**ジョセフ・ベル博士**（Joseph Bell 1837～1911）は、訪れた患者に対して先述したような手法を駆使していたと言われています。ベル博士の観察法について、ドイルは自伝『**わが思い出と冒険**』[注13]において次のように記しています。

> 「ははあ、君は軍隊にいましたね？」
> 「そうです。」
> 「近ごろ除隊になったね？」
> 「そうです。」
> 「高地連帯だね？」
> 「そうです。」
> 「下士官だったね？」
> 「そうです。」
> 「バルバドス駐屯隊だね？」
> 「そうです。」
> 「さて諸君、これはまじめで卑しからぬ人なのに、はいってきても帽子をとらない。軍隊ではそうするのが普通であるが、これは除隊してまがないから、一般市民の風習

注12　前掲同書　P.36
注13　新潮文庫 1965

になれるひまがなかった。見たところ威力があるし、明らかにスコットランド人だ。バルバドスといったのは、この人の訴えている病苦は象皮病であるが、この病気は西インド地方のもので、イギリスにはない。」注14

　このようなベル教授の観察が、ホームズの観察法の元になっています。ホームズ作品にて描かれる「観察」はフィクションですが、実際にベル博士が実践していた手法であることを踏まえれば、「観察」の手法自体は現実的なものであると言っていいでしょう。
　対して、ワトスンがホームズと初めて会った時に行った「観察」はどのようなものだったのでしょうか。この点に関して**マリア・コニコヴァ**（Maria Konnikova 1984～）は『**シャーロック・ホームズの思考術**』注15において次のように述べています。

　ワトスンがホームズとの初対面において、どのように注意を払ったか——あるいは（たぶんこちらだろうが）払わなかったか——もう一度見てみよう。彼は何も見なかったわけではない。「無数の壜類が整然と、あるいは雑然とならんでいた。あちこちに脚の低い大きなテーブルがあって、その上にはレトルトや試験管や青い炎のゆらめくブンゼン灯がたくさんおいてあった」と彼は書いている。細かな観察ではあるが、目の前の課題——同居人を選ぶこと——に役立つことは、ひとつもない注16。

　マリアは、ワトスンも同じく「観察」を行ってはいますが、その対象がホームズではなく周囲の情報に向けられていることを的確に指摘しています。換言すれば、ホームズという人間とコミュニケーションを図る必要がありながら、肝心の相手を「視て」いないということです。この点が、ホームズ及びベル博士とワトスンの「観察」の差異であり、「観察」をコミュニケーションに活かせるかどうかの分かれ目と言えるでしょう。
　さて、先述したホームズやベル博士のような「観察」の手法は少々極端なものであり、学んだからと言ってすぐに活用することは困難です。しかし、手法自体は我々の日常のコミュニケーションにも応用することが可能であると考えられます。ホームズ及びベル博士の両者に共通しているのは、相手を「観察」し情報を得ているという点です。つまり、相手という人間の持つ様々な情報を、コミュニケーションに利用するのです。

注14 『わが思い出と冒険』（延原謙訳　新潮文庫 1965　8月）P.33～34
注15 早川書房 2016
注16 『シャーロック・ホームズの思考術』（マリア・コニコヴァ著 日暮雅通訳 早川書房 2016　1月）P.116～117

4-3-3 多文化コミュニケーションにおける「観察」と「雑談」への期待

　前項でホームズの観察法について触れましたが、この手法は多文化コミュニケーションの現場において有効だと考えられます。4-3-1では「**雑談**」の役割について述べましたが、あくまで日本人同士のコミュニケーションにおけるものです。多文化コミュニケーションの場では、日本人同士では使うことが出来る雑談が通用しないことが多々あります。

　実際、筆者が講義を担当している日本ウェルネススポーツ大学留学生別科板橋校舎の学生がそのパターンに当てはまります。現在、在学している学生はベトナム・中国・ネパール・タイ・スリランカ・バングラデシュ・ウズベキスタンと多岐に渡っています。当然、個人の日本語能力には未だ差が見られ、日本という国や日本の文化に対する興味や理解のレベルについても同様です。そのような学生とのコミュニケーションにおいて、「雑談」として日本人同士では通じる話題（例えば日本国内のニュースの話題などが挙げられる）を振ってみても、反応は芳しくありません。

　対して、学生一人ひとりを「**観察**」して得た情報を活かして質問してみたり、推測を話してみたりすると、良い反応が返ってくることが多く、積極的にコミュニケーションを図ろうという姿勢に転ずるケースも見受けられました。簡単な例で言えば、髪型の変化や服装の傾向の変化を見つけ、こちらから積極的に質問を行い答えるように促すのです。そうすると、普段はあまり話そうとしない学生でも、嬉々としてその理由を話してくれるということが見受けられました。

　そこで、講義を担当している1年生の2クラスと2年生の1クラスを対象にアンケートを実施しました。アンケートの内容は下記の3項目です。

1. コミュニケーションを取る際、雑談があったほうが良いかどうか。
2. 髪型や服装の変化といった自分自身のことについて、興味を持って質問されたり話しかけてくれると、嬉しいと感じたり、自分から話をしたくなるかどうか。
3. 自分がコミュニケーションを取る際、相手の表情や服装、動きなどを観察するかどうか。

　　※アンケート実施日：2018年5月21日月曜日、対象者：1年日本文化Bクラス・1年日本文化Hクラス・2年日本文化Eクラス　計70名（実際のアンケートは易しい表現で作成したものを配布し、質問内容を詳しく説明したうえで回答してもらった）

結果としては、「はい」と回答した学生は第1項目で53名、第2項目で47名、第3項目で50名でした。対して、「いいえ」と答えた学生は第1項目で17名、第2項目で23名、第3項目で20名となり、いずれの項目で見ても、「はい」と答えた学生の割合が多い結果となりました。

　アンケート結果を踏まえれば、留学生の多くが、コミュニケーションを取る際に「雑談」の時間を設けることを望んでいると言って良いでしょう。特に教室という空間、講師一人に対して学生数十名での講義といった背景を考えると、どうしても画一的、または一方的なコミュニケーションに偏ってしまうことがあります。しかし、講義の内容を伝え、理解してもらうという目的を達成するためには、学生との心理的な距離を縮め、学生に**コミュニケーションを取る姿勢**（＝授業に取り組む姿勢とも言える）になってもらうことが必要です。そのための手段として「雑談」が効果的であることは、多文化コミュニケーションにおいても期待できると言えるでしょう。

　第2項目の回答を踏まえれば、学生一人ひとりを「観察」し情報を集め、それぞれの学生に対して臨機応変な「雑談」を行うことが、コミュニケーションの「**つかみ**」となり、より効果的に距離を縮めることが可能だと考えられます。

　また、第3項目の回答を踏まえると、相手もまた私達を「観察」し、「雑談」を含めたコミュニケーションを取ってくる可能性を常に考えなければいけないと言えます。筆者の場合で言えば、学生が私を「観察」するということは、私に**興味を持っている**ことと同義です。興味を持って話しかけてくれた相手に対して、講師として、異文化の人間として**真摯に答える**ことを意識しなければなりません。そのような積み重ねが、距離を縮め**信頼関係**を築く一助となるでしょう。

　多文化コミュニケーションの場においては、自分と相手を比べると実に多くの差異が存在します。言語・文化・生きてきた環境・一般常識・感覚など、全てが異なります。このような場合、日本人同士では意識せず行っているコミュニケーションの型を変えることが、グローバルコミュニケーションへの第一歩であると言えます。そのための手法の一つとして、先入観や知識に頼るのではなく、相手という一人の人間を「観察」し、コミュニケーションのための情報を得ることの重要さを認識しなければならないのです。

・参考文献
『異文化理解とコミュニケーション1　第2版 』（本名信行 他編著 三修社　2005　9月）
『シャーロック・ホームズの愉しみ方』（植村昌夫 平凡社　2011　9月）
『シャーロック・ホームズの思考術』（マリア・コニコヴァ著 日暮雅通訳 早川書房　2016　1月）
『わが思い出と冒険―コナン・ドイル自伝―』（コナン・ドイル著　延原謙訳　新潮文庫　1965　7月）

5章

映像と
コミュニケーション

5章 映像とコミュニケーション

5-1 映像の特徴とコミュニケーション

5-1-1 映像は記録

　人は**記録**という手段を持つことで、神話から歴史を語ることができるようになりました。歴史は記録による記憶の総体性としてみることができます。記録はイメージや文字によって伝わりました。例えば約1万年前に描かれたスペイン北部の**アルタミラ地方の洞窟**（Altamira cave）の壁画は最古のイメージの記録として有名です。人々が記録を残そうとしていること、そしてその記録は牛、鹿など身の回りのイメージの記録であることから、イメージ形成の起源として取り上げられてきました。その後イメージの形成の歴史はさらに進化し、**壁画**や**絵画**を生み出したあと、1827年、ニエプス（Joseph Nicéphore Niépce）の写真術の発明で、**映像**という新しい次元に突入しました。

　映像の歴史の始まりは、**カメラ**（＝機械の目）を持って自然対象を記録して残すことが出来るようになってからです。写真は「**光の鉛筆**」[注1]と呼ばれ、自然対象をカメラの装置により獲得する（＝記録する）ことで成立しました。

　写真は光の粒子を機械仕掛け（レンズや暗い箱）を通して物質化する（＝記録する）ことで成立しました。ニエプスが切り取ったフランスの田舎の窓の風景写真は、1827年の時空を示すことに成功しただけでなく、イメージの歴史に決定的な転換をもたらしたのです。

　ニエプスの写真のおかげで、私たちは今200年前の**時代の様子**を眺めることができます。そして、当時の**時空の光**にも接することができます。絵画が画家の身体や息使いを通した光の描画だとすると、写真は光の直接描画といえます。私たちは絵を眺めながら画家の才能に感動しますが、写真では映された光の痕跡に感動します。今の私たちが当時の光を体験し、感じて、ニエプスに**共感**する所以です。

　身体と記録の関係はどうでしょうか。身体の動きは**文字を書く**、**絵を描く**ことにおいて一心同体です。身体の動きは文字や絵画形成の核心的な要素です。では身体の動きと写真イメージの形成との関係性はどうでしょう。私たちはカメラの「**シャッターを押す**」

[注1] 聖書の創世記の始めには「光があれ。すると光があった。」と記録されている。光は神の根拠として捉えることもできる。

という単純な動作で写真のイメージを得られます。カメラの「シャッターを押す」動作がじかにイメージ獲得につながるのです。

レンズを通した光が媒体に定着するプロセスの中には、「身体の動き」が介在する余地はありません。写真は身体の動きとイメージの形成の間に関係性の希薄化を告げる最初の媒体でもあります。絵画の形成において絶対君主であった身体は、写真ではその絶対性を無くしたともいえます。

記録媒体の変遷とともに、私たちの身体の動きとは離れたところから映像イメージの形成は進み、記録されてきた歴史として見ることができます。コンピュータのプログラミングのシミュレーションによるCG形成は、身体と記録の関係を完全に分離させています。プログラムのアルゴリズムによるイメージの自動形成は自然対象の光さえ使いません。脳内の思考活動の記録ともいえるでしょう。

5-1-2 映像は視覚情報の記録

映像は**視覚情報**です。「視覚」の辞書的定義は「可視光線の刺激によっておこる感覚」をいいます。これによって外界の事物や現象が認知されます。視覚は聴覚、味覚、嗅覚などとともに特殊感覚の一つとされます[注2]。

視覚は英語では**ビジュアル**（Visual）または**ビジョン**（Vision）に訳されます。ビジュアル（Visual）は後期ラテン語*vīsuālis*〔*vīsus*「見ること(*vidēre*「見る」の派生語)」〕として、「視覚（視力）の」、「視覚による」と翻訳されます。自立した言葉として使うより、他の言葉との関係性のなかで使われている場合が多く、依存的です。

例えば**ビジュアルアート**（Visual Art）、**ビジュアルコミュニケーション**（Visual Communication）などです。それに対してビジョン（Vision）は「見えること」、「視覚、視力、視野、観察」と翻訳される[注3]ことから、ビジョン（Vision）は自立的です。ビジョン（Vision）の言葉からは常に**視覚の主体**（例えば誰の視覚か）が意識されます。Visualが**客観的**であるとすればVisionは**主観的**です。ビジュアル（Visual）が**外向的**であるとすればVisionは**内面的**です。英語のビジョン（Vision）とビジュアル（Visual）は日本語に翻訳すると、両方とも「視覚」になります。それは日本語の視覚の意味がビジョンとビジュアルの両面性を含んでいるからです。

注2　JapanKnowledge Lib 日本大百科辞典（ニッポニカ）2018/11/10 閲覧
https://japanknowledge.com/lib/display/?lid=1001000103134
注3　JapanKnowledge Lib 小学館ランダムハウス英和大辞典　2018/11/10 日閲覧
https://japanknowledge.com/lib/display/?lid=40010RH190674000

あらゆる視覚情報は私たちと世界との関係性によって成立します。そういう意味で映像は「私」が意識をもって得ようとした外界の視覚情報の**総体**です。

映像は自然対象を人為的なフレーミングで切り取ることで成立します。切り取られた対象は様々な情報を含んでいます。映像を視覚情報として見たときは、以下のような特徴と例を挙げることができます。

●ある時空間の記録：記録性

例えば個人的に撮られた多くの映像は、時間の経過とともに個人の日常の記録としての内容を超え、いつの間にか時代を知る文化人類学的に貴重な研究資源になります。また管理、監視システムとの結びつきを強めて社会のインフラストラクチャーにもなりました。視覚情報は「いまここに」として記録されます。残された視覚情報は、後に再現すれば当時の状況を証明する資料として利用できます。記録された視覚情報は社会システムの維持に活用されるのです。

●意図的な構成による作者の意思の伝達

一般的に私たちが想像する視覚情報のイメージです。映画、テレビのように大型のメディア産業のなかで作られている多くの映像、公共機関のメッセージ映像、個人レベルでの映像作品の制作などがあります。商業ベースでは多くの予算をもって制作される映像が大半を占めていますが、個人レベルでの制作もあります。

意図的な構成の強度から考えれば、最も作意性が強い視覚情報はアニメーションです。

5-1-3 映像は視覚情報の動き（時間）の記録

映像は絵画の後を継いだ写真メディアから出発し、映画の機械的装置により革新されてコンピュータの電子的装置と結びつき、今日に至っています。技術的な革新は新しい表現メディアを生み出しました。そしてそのメディアから新しい映像が生まれます。また技術的な革新や変化が訪れます。映像の歴史はそのような繰り返しを通して進化してきました。

ゾエトロープ（Zoetrope）という動画装置は1834年イギリスで発明されたといわれています。高さ20センチほどの筒の内側にロール上の紙が巻かれていて、紙には映画のフィルムのコマのように連続した動きの絵が描かれています。筒にはスリット上の縦穴が開けられており、手で回転させながら縦穴を覗きこむことで、イメージの動きを楽しむこ

5-1 映像の特徴とコミュニケーション

とができます。パラパラ漫画の原理と同じように静止イメージが連続して現れては消える間に、縦穴から動きを見ることができます。映画誕生を支えた技術の一つ、動画装置の例として紹介される場合が多いです。19世紀初期に生まれた**幻燈装置**も描かれたイメージと動きの融合装置です。いくつかの手描きのイメージを素早く切り替えることによって生み出されるエンターテイメントの世界です。幻燈装置によって暗闇の空間に次々と現れるイメージと動きは、身体の動きとシンクロし、密接に結びついているため、身体の動きが映像形成に直接反映されていきます。移動や拡大・縮小、回転は体の動きによって調節できます。幻燈装置の映像には懐かしさや親しみやすさがあります。それは身体の動きとの関係性の深さによるものでしょう。

映画は機械仕掛けの動きで、テレビは**電気**によって、映像を生み出しました。そしてコンピュータが使われる時代になってからは、電気の力が強化され、電子的になり、さらに**デジタル技術**により、擬似操作装置（機械的制御構造を持たない装置）によって動きが生み出されるようになりました。

今日、映像メディアは激しい変遷を経験しています。映画、テレビ、ビデオ、コンピュータに至る動きの操作（時間の操作）の変遷の特徴とその結果は以下の通りです。

① 動きを生み出す動力装置は目に見える形（映画の映写機）から、目に見えない形にブラックボックス化した。
② ①の結果、装置のスケールも縮小した。
③ 動きのコントロールは機械仕掛けのコントローラの操作から、制御プログラムのアップデート、書き換えを要求するようになった。
④ ③の結果、映像制作プロセスは具体的な事物から抽象的な思考の理解へと移行した。
⑤ イメージは媒体の制限を受けなくなった。
⑥ ⑤の結果、イメージは実態を持たなくなり、提示の仕方はより軽やかで自由になった。

1895年、映画の始祖**リュミエール兄弟**（Auguste Lumière, Louis Lumière）により制作された映画「**工場の出口**」、「**列車の到着**」はカメラを固定して撮影した**定点記録映像**です。どちらもフランスの街の日常風景を記録しています。「工場の出口」は1日の仕事を終えて工場を出る労働者の何気ない日常を切り取った映画です。観客は過去になってしまった「いまここに」を**動くイメージ**を通して追体験することができます。「列車の到着」は当時としては最新の交通手段であった蒸気機関車が海辺の街ラ・シオタの駅舎に到着する様子を切り取ったものです。また、これは**ムービング・テクノロジー**（＝列車の

動き）を記録した初めての動画映像です。人々は「列車の到着」を通して初めて動くイメージの世界を体感しました。**新しい視覚体験**の歴史の幕開けです。

映像における**時の記録**は、時間の経過とともに歴史の記憶に転化します。観客は過去の映像を見ながら、過ぎ去った歴史に思いを馳せます。そして歴史の体験を超えて存在の確信を問う想起への可能性を見出すのに夢中となります。映像は動く記録の不思議さやその魅力から私たちを離さないのです。

5-1-4 映像は意識的な動き（時間）の記録

前述したリュミエール兄弟の「工場の出口」、「列車の到着」に登場する人々は、事前に撮影のことを知っていたといいます。「工場の出口」では工場の正門の前にカメラをセッティングして、出てくる工場の人々を定点撮影で写しています。人々はカメラの前をそれぞれ左右に通り過ぎていきます。自転車に乗っている人がいたり、犬が横切ったり、そして映画の最後の部分は工場から出てくる車が飾ります。「列車の到着」も同じように演出されています。その中でも面白いのは、走ってくる列車の右側には作者、リュミエールの家族も登場します。リュミエールは自らの発明装置の前に家族を意図的に出演させています。

同じく1895年制作の「**みずをかけられた散水夫**」は、完全に意図的に演出されたことで名高い作品です。この映画では庭師と少年の日常が描かれています。庭に水を撒いている庭師の後ろから少年が登場し、足でホースを踏みつけ、水が出なくなります。庭師がそれに気づき、追いかけた末に、少年が怒られるというストーリーです。コメディー風のこの作品は、**映画演出**のスタート、**ストーリー性映画**の始まりとして知られています。その結果「みずをかけられた散水夫」は道筋をもった映像作品として大いに観客を沸かしました。意識的に動きを構築していく、つまりアイディアを練り、映像の流れを決めて撮影をし、完成させ上映するといった映像形成の基本的な問題意識は、映画の登場時にはすでに完成に近い形で見られていたのです。無論、意識的に動きを構築する方法は、リュミエール以後も進化を続けていくことになり、今は映像演出法として確立されています。

1920年代に入っていくと商業ベースの映画だけではなく、美術表現の世界からも、さまざまな作家たちが映像の世界に積極的に入ってきました。意識的な映像作りは個人のレベルでも広まりを見せます。ドイツを中心に成立した**絶対映画**（Absolute film）とフランスを中心に生まれた**純粋映画**（Pure Cinema／仏 Cinéma pur）の誕生によって、個人の内的世界の表現と深く関わる映像表現の世界が花開きます。意識的に動きを構築してい

5-1 映像の特徴とコミュニケーション

くこれらの個人レベルでの表現活動は、結果的には様々な創造的な映画の文法を生み出すことになります。

絶対映画作家であった**ヴァルト・ルトマン**（Walter Ruttman）は自身の映画作りを「時間におけるペインティングである」と言っています。動きを構成する絶対的な要素の探求を目標として定めた上で、意識的に映像を構築したのです。ヴァルト・ルトマンの初期作品は抽象的な手書きのイメージをアニメートしたことで知られていますが、この系譜は**抽象映画**（Abstract Cinema）ともいいます。ルトマンやその弟子にあたる**オスカー・フィッシンガー**（Oskar Fischinger）の渡米により、抽象映画は1950～60年代にはアメリカの西海岸を中心に花開き、今に至っています[注4]。

また、純粋映画作家は映画を構築する上で必要な純粋な要素の探求、例えば**動き**、**視覚的構成**、**リズム**の問題を意識的に取り入れた映像制作活動を行いました。**フェルナン・レジェ**（仏Fernand Léger）が1924年に製作した「**バレエ・メカニック**」（仏Ballet Mécanique）は代表的な作品です。

注4　アメリカにはオスカー・フィッシンガーの作品を中心に上映、普及活動の行なっている「ビジュアルミュージックセンター」がある。以下を参照。
http://www.centerforvisualmusic.org/

5-2 映像表現とコミュニケーション

5章 映像とコミュニケーション

5-2-1 映像コミュニケーションとは

映像を通してコミュニケーションを行うことを**映像コミュニケーション**といいます。NTTの技術ジャーナルによると以下の定義になります。

> 映像コミュニケーションとは、映像を活用した情報の伝達・通信のことですが、ここではさらに、人と人、人と社会を「つなぐ」というコンセプトの下、音声に映像を加えることで、人と人との意志の疎通や心の通い合いを、より自然に、よりスムーズに補助し、「お客さまの生活をより豊かに、より快適にすること[注5]

NTTの定義は「映像を活用した情報の伝達・通信」からもわかるように、**伝達・通信**のほうに重きを置いています。映像が写し出される**テレビ会議**、**ネット電話**のことをイメージすると分かりやすいでしょう。テレビ会議システムまたはネットワークの仕組みをどうオーガナイズしていくのかに重きを置いているといえます。ここでの映像のイメージは、そういうシステムを使い、相手と話しをしているときに映し出す映像のことです。

では「映像をもってコミュニケーションをとる」とはどういうことか。**映像表現とコミュニケーション**はどのように結びつくのか。この問題に答えるためには、まずは映像の歴史から具体的な例を挙げてみます。映像表現の先行事例を見ていくことで、映像コミュニケーションの概念の広がりを知ることができます。

映像表現がコミュニケーションと結びつく例として、**小林はくどう**のビデオアート作品「**ラップス・コミュニケーション**（Laps Communication 1972）」を挙げることができます。「コミュニケーションそのものの本来性, 相互コミュニケーションへのメディア」[注6] としての**ビデオ**の特徴をうまく表現に取り入れた例です。作品では、まず小林はくどう自身がセッティングされたビデオカメラの前で体を動かして、録画します。その録画され

注5　NTT技術ジャーナル 2013.12 p6
　　　http://www.ntt.co.jp/journal/1312/files/jn201312006.pdf（2018/06/20 閲覧）
注6　コミュニケーション・メディアとしてのヴィデオシステム　辻勝之　美術手帳　1973年11月号　美術手帖社発行　pp.236-241

た映像を次の人に見せて、そのあと映像と同じく動くように指示して動きを再現してもらい、その様子をカメラで撮影。また次の人にも、このプロセスを繰り返します。小林はくどうは以下にように述べました。

> 初めにあるあいまいな動作をし、次の人が1度だけ録画したテープをみる。そして記憶の中で、同じ動作をしてもらう、3番目の人は2番目の人のテープを、4番目の人は3番目の人のテープをと、LAPS（ズレ）を続けていく内に、とんでもない方向へと発展していき、おかしく、そして情報の恐ろしさをあらためて知った次第である。[注7]

作品「ラップス・コミュニケーション」はビデオの**即時性**（＝撮影したものをその場で見て確認できること）を利用した映像コミュニケーション作品です。この作品ではビデオのメディア的特性がうまく生かされています。撮影の回数が多くなっていくと、人々の動作はまちまちになります。最初の人の動きと最後の人の動作が、まったく違う様子で面白いです。人の見る行為の**曖昧さ**の描き方が見事な作品といえます。またこの作品では、人と人とが映像を媒介にしてコミュニケーションを**活性化**していく様子を見ることもできます。動作のずれに気づいた参加者たちの笑いが止まらず、自然に会話がはずむのです。

5-2-2 映像コミュニケーションの実践

●マルチメディア表現　－VR映像の実践を通して－

ここではまず2018年伊豆大島で行われた国際美術展、アートアイランズTOKYO2018のために作られた作品を紹介します。

伊豆大島は火山島です。比較的に活動的な活火山である高さ758メートルの**三原山**を中心に持つ島で約8,000人の人々が住んでいます。行政区域としては東京都大島町です。三原山の火山は1986-87年の噴火以後、落ち着いています。今でも、山の頂上には火山灰の黒土が広がっており、まるで砂漠のようです。1931年、ゴビ砂漠から運ばれてきたラクダは三原山の登山の移動手段として利用されると同時に観光資源でもありました。しかし現在、大島にはゴビ砂漠からのラクダはいません。1945年激しい戦争の最中に、訪れた兵隊に食べられた、または千葉の方へ移送された、といわれています[注8]。それにちな

注7　第3回ふくい国際ビデオビエンナーレカタログ　拡張と変容 EXPANSION & TRANSFORMATION ふくい国際ビデオビエンナーレ実行委員会　1989年7月　p178
注8　連れて来られたラクダの生涯については諸説がある。街の人へのインタビューによると、千葉への移動も含めてまだ明らかにされてないところが多いが、兵隊の人に食べられたということは間違いないようである。http://fujii-koubou.com/card/rakudasaisei.pdf の後半を参照。

んで上記の美術展では2013年から何回かラクダ関連の作品を制作しています[注9]。

2018年の作品では、**記憶の再現**をテーマにVR（Virtual Reality）技術を持ち込み、三原山でのラクダ乗りの体験を再現しました。この作品では、1930年代の三原山登山体験を**VR映像**で味わうことができます。ゴーグルを装着すると、ラクダの背中に腰掛けて移動しながら、前後左右どの方向でも三原山の砂漠の様子を楽しむことができます[注10]。

VR映像によって記憶の再現だけではなく、大島内外の**人々とのつながり**が映像体験の場で生まれました。ラクダ映像の体験が人々をつなげたのです。ラクダ再生プロジェクト（＝戦前のラクダの物語を今に伝えること）によって、記憶を現在形にとらえ直すこと、そして人と人との**コミュニケーション活性化**の契機を作ることができました。

写真は農民美術資料館での展示の様子。案内役になってくださった藤井工房の藤井虎雄氏と体験者の様子。

注9　筆者のラクダ関連展示の詳細は以下から記録をみることができる。
http://fujii-koubou.com/card/rakudasaisei.pdf

注10　実写ベースのVR映像は一つ弱点がある。撮影者自身が必ず写ることである。撮影した映像の真ん中には黒丸ができる。360度のカメラの盲点である。作品ではイメージを修正して空白のところにラクダの背中を描き入れて空白を無くした。（図参照）その結果VR体験ではラクダの背中で座っているはずの私の身体とラクダのイメージの間には不思議な空間が現れる。奇妙な空間体験だ。筆者はこれをバイナリ・グラビティ Binary Gravity と定義する。私たちが地球上で経験している重力ではなく、宇宙空間で体験する無重力でもなくその間に存在するもの。もしかすると私たちの脳内だけに存在していたのかもしれない。電子空間上で、数値計算により再現された重力の世界である。VRの凄さは私たちの身の周りの風景を映像によって体験させることにあるのではなく、このように前例がない空間を生み出したところにあるのではないだろうか。VR映像の新しさはそこにある。

バイナリ・グラビティの特徴はどのようなものか
　a　重力と無重力の間
　b　電子空間のみの存在
　c　リズムや動作は integer, floating に準拠する

バイナリ・グラビティについては場を改めて論じてみたいと思っている。

左部分は実写で撮影されたイメージ。下に撮影者が写る。右はVR映像用に修正されたイメージ。ラクダに乗って三原山の頂上に向かって砂漠の黒土を360度眺めながら歩く体験ができる。

5章 映像とコミュニケーション

5-3 VR映像とコミュニケーション

5-3-1 様々なVR映像

　バーチャルリアリティ（VR）は、実際には存在しない現実が存在するかのように感じる現実感をいいます[注11]。**VRシステム**を利用すると、現実には部屋の中にいるにもかかわらず、ビルの屋上や山頂など、実際には居ない空間に没入しているような感覚になります。没入しているような感覚を得られるため、VRを用いたコミュニケーションは、実際の対面コミュニケーションと、電話などの遠隔コミュニケーションの乖離を近づけることが期待できます。本節では、VRシステムの基本的な説明とVRシステムが対面コミュニケーションとどのような点で類似し、どのような点で異なるかについて説明します。

　VRシステムを構成する装置は、大きく分けて3つあります。空間を提示する**ディスプレイ**、仮想空間を**シミュレートする機器**（主にPC）、人が仮想空間内での位置を特定させたり、意思を伝えたりするための**入力装置**です。以下にそれぞれの装置の概略を記します。

　VR空間を表示するためのディスプレイには様々なタイプがあります。代表的なディスプレイは**ヘッド・マウント・ディスプレイ**（HMD）です（図5.3.1）。1989年に初めて**バーチャルリアリティ**という用語を用いて発表した**VPL Research社**のVRシステムにもHMDが用いられました。HMDが初めて展示されたのは、もっと以前の1968年、**サザーランド**によってです。HMDは、ゴーグルの中に左眼用と右眼用の2つ小さなモニターを備えたディスプレイです。ゴーグルにモニターをはめ込んでいるため観察距離が短く、小さなモニターでも大画面表示が可能です。視野の大部分をシミュレートした映像で占めることができるので、没入感が得られます。HMDのような小さなモニターを目の前に配置するタイプのモニターだけではなく、大きなモニターで視野を覆うタイプのVRディスプレイも存在します。例えば、**CAVIN**では、背面を除くすべての面（前面、左側面、右側面、上面、下面）をスクリーンにして、映像が投影されます[注12]。このため、視野がすべ

[注11] 廣瀬通孝　バーチャルリアリティってなんだろう　ダイヤモンド社　1997年
[注12] 広瀬通孝、小木哲朗、石綿昌平、山田俊郎　多面型全天周ディスプレイ（CABIN）の開発とその特性評価、電子情報通信学会論文誌, D-II Vol.J 81-D-II, No.5, pp.888-896, 1998

てVR映像で覆われることになり、没入感が得られます。小さなモニターを眼前に提示するタイプと、大きなモニターを離れた位置に提示するタイプ、2つのVRディスプレイを紹介しましたが、いずれにしても没入感を得るためには視野の大部分をVR映像で占める工夫が必要です。

　仮想空間をシミュレートする機器は、主に**PC**です（**シミュレータPC**）。シミュレータPCの具体的な役割は、入力装置から送られた人の頭部位置情報をもとに、ディスプレイに表示する映像を計算し、送り出すことです。頭部位置を特定する入力装置は、HMDの位置を撮影するカメラであったり、磁気センサーやジャイロスコープであったりと、様々なタイプがあります。これらの入力装置から計算された頭部位置や頭部の傾きから、それに合わせた映像をシミュレータPCが計算し、HMDなどのVRディスプレイに送り出しています。

　人の頭部位置に応じた映像をリアルタイムで表示しているVR映像は、人の視覚機能と密接に関連します。つまり、人が仮想空間への没入感を得ることができているかどうかを判定するためには、現実の空間との比較が重要です。また、これまで慣れ親しんだテレビや映画で観てきたスクリーンなどの平面に投影された映像と比較して、「どの程度現実空間にVR映像が近づいているのか」という議論が必要です。そこで次項以降、**VR映像、現実空間、平面映像**の違いについて説明します。なお、複数のタイプのディスプレイを想定すると、議論が拡散するため、事項以降、特別な断りがない限りにおいて、頭部位置検出信号を受けたシミュレータPCが、HMDにVR映像を送り出すVRシステムを想定して説明します。

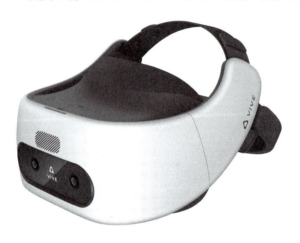

図5.3.1：HTC社のHMD「Vive Focus Plus」

5-3-2 視覚情報の基礎

　VR空間と実空間を比較するためには、実空間での空間知覚を知る必要があります。人は、主に視覚情報をもとにして空間を把握します。もう少し細かな情報伝達の経路を考えてみると、空間中を飛び交う光の中で、目の瞳孔に入った光が網膜に投射されます。そして、網膜に投射された網膜像は、電気信号に変換され、視神経を通じて脳に送られます。

脳は、網膜像の情報から空間を把握するために様々な**奥行情報**を知覚します。では、人はどのようにしてその網膜像から奥行情報を知覚しているのでしょうか。

人は網膜像中の特定の情報をもとにして奥行きを知覚しているのではなく、様々な情報を組み合わせて奥行きを知覚しています。奥行情報は大きく分けて**単眼性奥行情報**と**両眼性奥行情報**に分けられます。単眼性奥行情報とは片眼の網膜像情報だけで奥行きとなる情報です。代表的な単眼性奥行情報として運動視差、遠近法、陰影、テクスチャー、重なり、調節があります。一方、両眼性奥行情報は、両眼の網膜像情報が必要な奥行情報であり、両眼視差や輻輳などがあります。

単眼性の奥行情報である**運動視差**は、網膜像の変化パターンを利用した奥行き情報です。例として電車に乗車中、車窓の風景を観察するとき、遠くの家や山などは進行方向と同方向に移動して見えますが、近くの電柱などは進行方向と逆方向に移動して見えます。このような人の視点位置の変化に従って発生する網膜像の変化のパターンのことを運動視差と呼びます。

遠近法には、幾何学的遠近法や空気遠近法などの種類があります。**幾何学的遠近法**は、「消失点に近い対象ほど遠くに存在する」といった奥行き情報です。**空気遠近法**は「山頂から他の遠くの山を観察すると青みがかって見える」といった色の変化に関する遠近法です。空気遠近法は、「非常に遠くの対象はチリの影響により、青みがかって見える」ことを利用した奥行き情報です。陰影は対象の色が光により「暗い影の部分」と「明るい光が当たる部分」の色の変化を利用し、対象の形（三次元形状）を知覚させる情報となります。

テクスチャーの奥行情報とは、同一の模様が水平面上に存在するとき、「遠くに位置するほど模様が細かくなる」ことを利用した奥行情報です。

重なりによる奥行情報は、本やノートの一部が重なって置かれているとき、手前の本は奥の本の一部分を遮蔽した状態になります。このとき遮蔽された本は、「遮蔽した本の奥に存在する」という奥行情報となります。

調節とは眼のピント調節機能を利用した奥行情報です。遠くの対象を注視しているときは、眼の水晶体が薄くなり、近くの対象を注視しているときは厚くなります。調節はこの水晶体の厚みをコントロールする情報を利用した奥行情報です。

両眼性奥行き情報である**両眼視差**は、両眼の網膜像の差異を利用した奥行き情報です（図5.3.2）。人の目は、水平に約64ミリ離れています。このため、左右眼の網膜像も異なります。左右の網膜像は、「注視点から離れるに従って、ズレの量が大きくなる」ということや、「注視点を境としてズレる方向が入れ替わる」といった一定の規則に沿って、網膜像の差異が発生します。つまり、網膜像のズレる方向により、対象が注視点から手前も

しくは奥に知覚されるかを決定し、ズレる量により注視点からどの程度離れているかを決定します。このように、網膜像を比較して、ズレる**方向**と**量**が、空間内における対象の奥行き位置の情報になり、この両眼間の網膜像のズレが両眼視差になります。

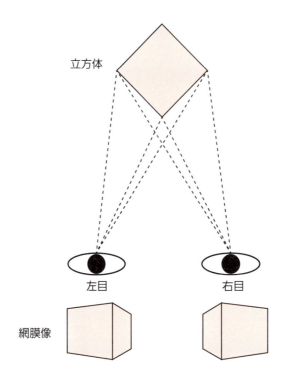

図5.3.2：両眼視差

　輻輳（ふくそう）は、両眼の視線のなす角度の情報で、**輻輳角**とも呼ばれます（図5.3.3）。観察者から遠い注視対象の輻輳角が小さく、観察者から近い注視対象の輻輳角は大きいです。このように注視対象の奥行き位置と輻輳角が対応していることを利用した奥行き情報が輻輳です。

　実空間では、上記の奥行情報を組み合わせて空間を知覚しています。平面映像でも、調節を除く単眼性の奥行情報は利用できるので、全く平面に見えるのではなくある程度、空間や奥行き感を知覚しながら映像を観ることができます。HMDを用いたVR映像は、左眼用の映像と右眼用の映像を個別に表示できるので、平面映像で利用可能な奥行情報に加えて両眼視差、輻輳を利用することが可能です。

5-3 VR映像とコミュニケーション

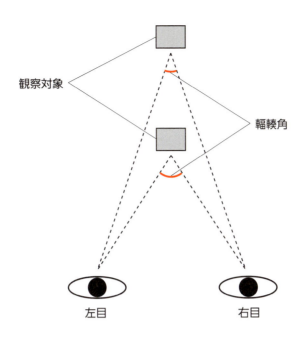

図5.3.3：輻輳角

　VR映像の主要な特徴として、視野の大部分をVR映像が占めること、頭部に連動した映像が表示されることが挙げられます。視野の大部分をVR映像が占めることがVR空間への没入感に役立っています。また、頭部に連動した映像が表示できるので物体を前面や後面など様々な方向から観察できます。このことも観察者が没入感を得るためには重要です。「頭部に連動した映像が表示される」という特徴は、平面映像で利用可能な運動視差以上の奥行き感を提示することが可能になります。この頭部移動に伴う映像が表示可能なことについての詳細は、次項以降で説明します。

5-3-3 VR映像から得られる視覚情報1「視点移動による情報」

　VRシステムを用い頭部の移動に伴う見えを提示できるようになると、通常の平面映像とは異なり、対象の側面や上面などが見えるようになります[注13]。これは、従来の平面モニターでは、撮影時のカメラが移動した映像を表示しない限り、見えない映像です。観察者はこの見えない部分の映像を自由に見ることができ、観察者の意思を忠実に反映した映像を得られます。

注13　厳密には、頭部の移動だけではなく、視線の変化にも対応して映像が変化する必要があるが、頭部移動に対応する映像の変化だけでも、それ以後の記述は成り立つ。

ところで、VRは、実際には「存在しない現実が存在するかのように感じる」現実感を実現するための技術です。それを実現するためには「**三次元の空間性**」、「**実時間の相互作用性**」、「**自己投射性**」が満たされる必要があります[注14]。「**三次元の空間性**」とは、人の周りに空間が広がっているという感覚が、主に視聴覚により獲得できる状況のことです。「**実時間の相互作用性**」とは、人の行動に対する仮想空間の反応、及び仮想空間の変化の知覚が実時間で行われることです。「自己投射性」とは、人が仮想空間内の一部と認識でき、没入している感覚が得られることです。頭部の移動に対応した見えを提示できることは、VRの構成要素である「実時間の相互作用性」や「自己投射性」を満たすためには重要です。

また、観察者が頭部を移動して対象を観察した場合、対象の見えは動的に変化します。例えば、図5.3.4のように立方体が提示されたVRモニターを観察する場合、提示される立方体の形も観察者の移動に対応して動的に変化します[注15]。このような見えの変化、言い換えると立方体の線分を構成する頂点や線分の運動は、観察者に立方体の三次元的な知覚を豊かにします。つまり、対象の見かけの運動から対象の形（三次元構造）を知覚できるのです。

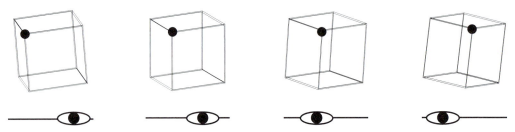

図5.3.4：VRモニターで見える立方体。VRモニター観察者の眼球が右から左に移動するにつれて、VRモニター上で表示される立方体も変化する。図中の黒丸の頂点が最前面に存在し、立方体を斜め上から観察している状況を図示。

見かけの運動だけから知覚可能ということは、立方体の面の知覚が必要ないということです。B. Rogers and M. Graham[注16]は、頭部を左右に移動させることにより提示されたランダムドットが奥行方向にサイン波状の曲面を知覚できる実験装置を作成し、頭部移動により発生した運動だけから三次元の面を知覚できることを示しました。これは、見かけ

注14　バーチャルリアリティ学　舘暲、佐藤誠、廣瀬通孝　監修　バーチャルリアリティ学　日本バーチャルリアリティ学会　2011年
注15　VR映像ではなく写真に写した立方体を観察した場合も、観察者の移動に伴い見えが変化するが、実物の立方体を観察した場合の変化とは異なる。
注16　B. Rogers and M. Graham "Motion parallax as an independent cue for depth perception" Perception vol.8, pp.125-134, 1979.

の運動が観察者の移動により発生する対象の動的な変化から対象の三次元構造を知覚できることを示し、VR空間の「**三次元の空間性**」の実現に寄与することを示しています。

5-3-4　VR映像から得られる視覚情報2「能動的運動視差」

　5-3-2で説明した運動視差は、観察者が移動することにより発生する網膜像の変化、具体的には奥行の異なる対象間の移動の見えの差を利用した奥行きの手がかりです。このような変化のパターンは観察者が移動することで発生するのではなく、移動するカメラで撮影した映像をテレビモニターで表示させた場合でも、そのような網膜像の変化パターンをシミュレーションできます。当然、人は両眼で観察しているのに対して、1台のカメラの情報だけしかテレビモニターには表示できないことや、カメラのレンズと人の眼球の焦点距離などが異なることから、モニターの網膜像の変化と全く同一というわけではありません。しかし、移動するカメラで撮影した映像をテレビモニターで表示させ、それを観察すると運動視差の奥行情報が利用でき、奥行き感を知覚できます。これは、テレビモニターで表示される映像中の対象の移動パターンには、運動視差として利用可能な奥行情報が含まれていることを意味しています。

　テレビモニターで表示される運動視差と実空間で利用される運動視差、VR映像で利用される運動視差、それぞれの運動視差から知覚される奥行き感に違いはないのでしょうか。林部は、複数のランダムドットのストライプを横方向に運動させて、頭部移動を伴う運動視差と、頭部移動を伴わない運動視差の奥行き感を比較しました[注17]。

　頭部移動を伴う条件では、モニター上で表示された複数のストライプが頭部移動に連動して移動し、ストライプ間の移動速度が異なっていました。一方、頭部移動を伴わない運動視差条件では、速度の異なるストライプが横方向に移動する映像がモニター上に表示されます。実験の結果、頭部移動を伴う運動視差による奥行き感のほうが、頭部移動を伴わない運動視差よりも奥行き感が弱いことが示されました。この結果は、VR映像観察時のような頭部移動や身体移動を伴う運動視差は、テレビモニター観察時のように静止した状態で得られる運動視差よりもはっきりと奥行を知覚できることを示しています。この原因として、VR映像は頭部、もしくは身体の移動に対応した映像を提示できるため、身体の体性感覚が奥行き感に影響を持ったと考えられます。VR映像は、体性感覚を利用できるという点で、テレビモニターよりも実空間に近い感覚を得られるのです。

注17　K. Hayashibe "Head movement changes apparent depth order in a motion-parallax display" Perception, vol. 22, pp.643-652, 1993.

5-3-5 VR映像から得られる視覚情報3「オプティカル・フロー」

　J.J.Gibsonは自身が提唱した**生態学的知覚論**で、人の周りを取り囲んでいる包囲光の中の一部が網膜に投影されますが、その投影される光の配列を**包囲光配列**と名付けました[注18]。包囲光配列には、面や面同士の重なり、奥行きなどの様々な情報が含まれるとし、**不変項**と名付けました。5-3-2に示した遠近法、重なり、テクスチャーなどは不変項の一つと考えられます。また、運動視差や5-3-3で説明した見かけの運動から得られる三次元情報も不変項と考えられます。遠近法などは静止網膜像中の不変項ですが、運動視差などは変化する網膜像、つまり、網膜像の相対運動(見かけの運動)の不変項です。

　運動視差など様々な網膜像の相対運動を統合する用語としてオプティカル・フローがあります。オプティカル・フローは光学的流動と訳され、網膜に入射する光の流れ(もしくは動きや変化)のことです。図5.3.5は、人が前進したときに発生するオプティカル・フローで、VR映像においては観察者が移動するときに発生するオプティカル・フローです。図5.3.5のオプティカル・フローは、奥行も知覚できますが、それ以外にベクション(自己移動性知覚)が生じることが知られています。

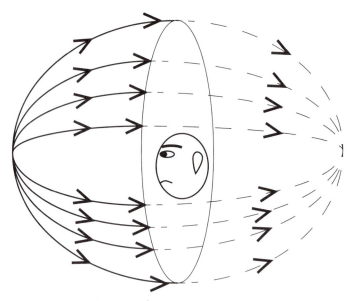

図5.3.5：人が前進したときに発生するオプティカル・フロー

注18　J.J. Gibson "生態学的知覚論　—ヒトの知覚世界と探る—" 古崎敬訳、サイエンス社、1986年

VR映像を観察するとき、観察者がベクションを生じることは没入感を高めるために重要で、制作者はVR映像でベクションを高めさせる必要があります。ベクション生じさせる要因として、視野内の位置、視野内に発生するオプティカル・フローの面積、奥行き感、空間周波数、認知的要因が挙げられています[注19]。そして、オプティカル・フローが視野の周辺部、オプティカル・フローが発生する面積が大きく、主観的に奥に位置する、低い空間周波数が含まれる（くっきりとしていない部分が含まれる）、観察者の注意が向けられていないなどの条件が整うと、ベクションが発生しやすいとされます。これらの条件を整えたVR映像は、ベクションが発生し、VR空間に没入した感覚が得られやすくなります。

ベクションは、提示される映像のみで得られますが、VR映像は観察者の移動に連動した映像が提示されます。このため、観察者の移動とそれに伴い発生するオプティカル・フローと連動性が重要です。現実空間では、人の移動とそれに伴う網膜像上のオプティカル・フローに時間的なずれは発生しません。しかし、VR映像を用いたシステムでは、頭部移動を検知した後、提示する映像を計算し、表示するというプロセスが必要です。このため、これらのプロセスに要する時間だけ、頭部移動と表示映像にズレが生じます。このズレのことを**レイテンシー**と呼びます。レイテンシーは、PC等機器の性能の向上とともに少なくなる傾向です。しかしながら、レイテンシーを1ミリsecと非常に短い時間にしても、実空間の作業よりもパフォーマンスが落ちるとする研究[注20]もあり、さらにレイテンシーを少なくすることが求められます。

5-3-6　VR映像のコミュニケーション

VR映像は、視点が移動すると、それに対応した映像が表示されるため、観察者の意思に応じた映像を観ることができます。これは、実空間に近い体験が得られることを示しています。VR映像を通じて離れた場所にいる者同志が、あたかも同一空間でコミュニケーションをとっているような経験です。将来的には、VR映像と現実空間が近づいていくことが予想されます。

どの程度、現実空間に近づいているかについて、モニターの画素の細かさを例に考えてみます。スマートフォンで使用されるモニターは、画素の間隔が0.05ミリ以下も存在します。このモニターを30センチの位置から観察すると、視力1.0を超える細かさです。

注19　妹尾武治　効率的なベクション駆動に関する知見と脳イメージング研究から得られたベクションの知見のVRコンテンツへの活用可能性　日本バーチャルリアリティ学会論文誌, 14,4,481-490,(2009).
注20　河邑壮馬，木島竜吾"HMDの遅れが人間の平衡に与える影響"人間 "日本バーチャルリアリティ学会論文誌, vol.21, No.1, pp.101-108, 2016

5章 映像とコミュニケーション

ただしVRモニターであれば、観察距離が短くなるので、そこまで細かいとはいえませんが、画素の細かさであれば将来的に視力を超えるVRモニターが出現するのも時間の問題でしょう。

VR映像の開発目標が実空間の見えであるとすると、画素の間隔以外の要素であるリフレッシュレート、**表示色数**などの様々なモニターの基本性能が人の視覚能力に近づいており、将来的には超えることが予想されます。それに伴い、VR映像は現実空間に近づいていくでしょう。

VR映像の目標の一つは、離れてコミュニケーションをとっている相手や自分自身の空間を**仮想の空間として共有**できることや、相手や自分自身がいる空間とは全く異なる**第3の空間**にいるような感覚が得られることです。現実空間に近づいたVR空間では、直接向かい合って表情や顔色を伺いながら行うような深いコミュニケーションが可能になるでしょう。

VR映像が現実空間に近づくことは重要ですが、さらに現実空間を超えるもしくは、別のベクトルの模索も考えられます。人の眼では認識できないほどの小さな空間や人が行けないような空間を表示するVR映像です。例えば、人の臓器の中などを細胞レベル以下の小さな物体の視点で表示できれば、医療分野におけるコミュニケーションでは有効でしょう。これは、VR映像が人の視覚の分解能を超えることを目標としています。

分解能以外では、例えば色や運動視の観点から、人の視覚を超える世界も考えられます。5-3-3で述べた「自己投射性」を知覚できるようなレベルで、人の視覚能力を超えるVR映像が表示できれば、これまでにないコミュニケーションが可能になるでしょう。

6章

若者文化とコミュニケーション
―サブカルチャーと宮沢賢治を例に

6章 若者文化とコミュニケーション―サブカルチャーと宮沢賢治を例に

6-1 若者と文化

6-1-1 文化の創造者・伝達者としての若者

「**若者**」は、現代的サブカルチャーを生み出し、享受する**コミュニケーター**です。その「若者」と「文化」と「コミュニケーション」は、密接な関係にあります。

「**文化**」と「**コミュニケーション**」の関係について、**段木智彦**（2010）は「コミュニケーションのなかに文化が生まれ、その文化が消費・記号化されつつ、コミュニケーションの流れに再還元される形で影響を与え、それが繰り返される」関係で、**連環・連続性・流動性**があると説いています[注1]。

また、「若者」と「文化」と「コミュニケーション」の関係は、時代とともに変遷するものです。それに関して**宮台真司**（2007）は、「いまや若者のコミュニケーションの全体像を理解するためには、すべてのメディアを理論的に分析しなければならない」と述べています。そして今日のメディア接触を支える日本の「若者文化」は、「若者」を取り巻く環境とその時代から、4つのフェイズを通過していると説明しています[注2]。その各フェイズと特徴は、「**第1フェイズ**」（明治末〜1950年代まで）若者文化の未成立、「**第2フェイズ**」（1950年代〜1970年代まで）〈大人〉に反抗する〈若者〉、〈関係性モデル〉が〈若者〉固有の〈理想〉、「**第3フェイズ**」（1973年〜現在まで・1980年代末）政治と闘争の悲惨な結末から「シラケの時代」、個人主義へと〈私〉が浮上、「**第4フェイズ**」（1983年〜現在まで・1980年代末）「新人類」や「オタク」の登場、「恋愛」の必須要素としての「性と舞台装置」です。

それに段木智彦（2010）は、「**第5フェイズ**」（オタク文化の黎明期以降〜現代）を追加して、5つに分類しています。それは、「『若者文化』の不在（第1フェイズ）→反抗する『若者』と、世界解釈の〈関係性モデル〉の黎明（第2フェイズ）→世代連帯感の消失による『個としての私』、『男の子、女の子』という自覚による恋愛と〈関係性モデル〉の融合（第3フェイズ）→恋愛と性の〈関係性モデル〉への完全なる包摂（第4フェイズ）→アウトサイダー『オタク』の誕生と二大体系化、ポストモダンにおけるサブカルチャー

注1　段木智彦（2010）「サブカルチャーに見る若者のコミュニケーション類型」『早稲田社会科学研究　別刷』（「2010年度学生論文」）
注2　宮台真司（2007）「序章サブカルチャー神話解体序説」『増補―サブカルチャー解体神話』ちくま書房

の細分化（第5フェイズ）」です[注3]。そして、二大体系のオタク系が持つ指標として、「物語性世界解釈」、「世界観」、「シニカル」、「沈溺・没頭」、「悲観的」、「マニアック」を挙げ、もう一方の新人類系が持つ変数としては、「関係性世界解釈」、「恋愛」、「感情的」、「共感」、「楽観的」、「ミーハー」を挙げています。

　つまり、時代の状況と享受する文化によって、若者のコミュニケーションのスタイルや特徴が異なるということです。例えば「**新人類**」とは、1980年代に使われた新語で、1961年生まれから1970年頃に生まれた世代を指します。テレビ、マンガ、アニメ、ロック、テクノポップ、洋楽などのサブカルチャーの体験を特徴として、従来とは異なった「感性」、「価値観」、「行動規範」を持っています。

　「**オタク**」は、「新人類文化」に依拠したサブカルチャーやコミュニケーターのアウトサイダーと言われ、大衆文化や特定の趣味・分野の愛好家を意味し、「オタク文化」を形成しました。1970年代は、コミュニケーション能力や時代への適応能力の欠如が「オタク」の特徴とも言われましたが、時代とともに変遷しています。

　「オタク」は、近年ではマニアを含めた広い意味で使われ、「オタクの聖地ショップ」や「リア充オタク」（「オタク」でありつつ現実世界での生活も充実している人）などの言葉も現れました。また、最近は若者の間に、「オタク」を積極的に周りにアピールする「**エセオタク**」という新しいタイプが激増しています。これは、オタク知識も消費金額も少ないのに、「オタク」を自称してコミュニケーションツールとして利用するタイプです。今や「ガチオタク」、「ライトオタク」、「にわかオタク」「アッパー系オタク」などに細分化され、新しい「オタク文化」となっています。

　さらに、当時「新人類」と呼ばれた中年層が、現代の若者を「ゆとり」と揶揄し、「ゆとり世代対策」に苦慮する現象が話題となっています。「**ゆとり世代**」とは、「ゆとり教育」（2002年度から2010年度まで実施）を学校教育で受けた世代、1987年生れ〜2004年生れです。

　この「ゆとり世代」の特徴の一つに、「**コミュニケーション力の低下**」が指摘されています。1980年代以降、若者について「コミュニケーション不全症」「対人関係困難症」と、病の徴候のような名称がつけられ、その背景には、「**ITの普及**によるコミュニケーションの変化」があると言われていました。しかし、**辻大介**（1996）は、「情報化が若者の行動様式を変容させていき、人間関係が消滅する」や「対人関係の切断・メディアによる代補」という考えに疑問を呈しています[注4]。

注3　注1に同じ
注4　辻大介（1996）「若者におけるコミュニケーション様式変化―若者ポストモダニティ」『東京大学社会情報研究所紀要』51号

▶ 6章 若者文化とコミュニケーション―サブカルチャーと宮沢賢治を例に

　2000年には携帯電話の人口普及率が50％を突破、2002年にはインターネット人口普及率も50％を突破、2005年に「**YouTube**」が人気となり、2009年に「**Twitter**」、2011年に「**facebook**」が流行しました。そして、2016年には、スマートフォンの普及率が全世代で71.3％、20代では96.8％に達したという現状です。現代の若者たちは、「**SNS**」などのコミュニケーションツールが日常のコミュニケーションの大部分を占める環境の中で育ち、対人関係意識も変質・多様化させてきていると言えます。

　以下で、若者たちのメディアリテラシー、つまりメディアの表現能力、メディアを用いて表現し、他者とのコミュニケーションをどのように行っているのかについて、サブカルチャーと宮沢賢治を例として考えてみたいと思います。

6-1-2　現代の若者たちの特徴とコミュニケーション

　多様化する現代の「**若者**」を知る鍵は、**コミュニケーション**と言われています。「若者」の多くは、**SNS**を活用し、従来とはまったく違う価値観やメディアとの接し方を身につけ、人々と交流しています。

　では、日常生活の中で「若者」たちは、どのような行動でコミュニケーションを取っているのでしょう。そのことに関して、興味深い調査結果があります。**電通若者研究部**（2016）の「コミュニケーションで見た若者まるわかりクラスター」の分析では、現代の「若者」の特徴行動は、コミュニケーションとの関わりにより、10種類のクラスター（同じような集団）に分類されています。現代の若者像を把握するため、少し詳しく紹介してみます[注5]。

「**とくにSNSコミュニケーションに特徴があらわれる**」
　①自己プロデュースキャラ　②SNSめだちたがり
　③超リア充　　　　　　　　④みんなのムードメーカー
　⑤マイペースキャラ　　　　⑥正確さがしさん

「**他人に興味をもたず、コミュニケーションそのものが少ない**」
　⑦ガチオタ　　⑧ぼっちキャラ

注5　電通若者研究部（吉田将英、奈木れい、小木真、佐藤瞳）『若者離れ』MdN コーポレーション

「ネットゲーム上でのコミュニケーションが中心でオープンなSNS投稿を行わない」
　⑨ネトゲ充

「特筆する特徴をもたないことが特徴」
　⑩大衆キャラ

　このクラスターで現代を象徴するのは、「①**自己プロデュースキャラ**」（自己をプロデュースして自分というブランドを発信していく、上昇志向の強い人たち）と「②**SNSめだちたがり**」（TwitterやFacebookの上で、ジャンルを問わず、さまざまな情報をシェアやリツイートしながら発信している人）です。この2つは、「SNSを通じた発信（自己表現）を行う」「他人が見ている自分を想像し、そこから逆算した振る舞いができる」という点で共通していて、「"**見られている意識**"によって行動が規制されている」という特徴があります。違いは、表現の仕方にあります。「自己プロデュースキャラ」は、「自らの生活を発信することによって自分の感性や趣向、行動などが評価され、価値が上がっていくことを望み、そのためにアクションを起こしていく」という人たちです。一方、「SNSめだちたがり」の人たちは、「空気を読みつつ適当に自分をアピールしたい」という意思が潜んでいます。この2つのクラスターに共通する特徴の「見られている意識」は、少なからず他のクラスターにも看取されます。

　また電通若者研究部は、急速な情報環境の変化が、現代の若者たちのコミュニケーションまで変化をもたらしたと述べています。確かに2002年にインターネット人口普及率が50％を突破してからの10年間に、動画投稿サイト「YouTube」が人気になり、「ニコニコ動画」がサービスを開始、「mixi」や「Twitter」が流行、「スマートフォン」がヒット、2011年「Facebook」、2012年「LINE」が流行するなど、新しい情報デバイス、コミュニケーションツール、サービスが登場し、進化しています。

　特に、人と人との交流を手助けし、促進するためのインターネット上のサービスである「SNS」により、大きく変化しています。例えば、誰もが世界とつながり、多くの人とのコミュニケーションが可能となりました。また同じ居住地域、共通の趣味など、特定の人とコミュニティを作ることが可能となっています。そして最大の変化について、電通若者研究部は、若者たちの「**人間関係が切れなくなった**」こと、その「**つながりが常時接続になった**」ことを挙げています。つまり、「いつでも誰とでもつながる」というコミュニケーションが、若者たちの生活の中心になったのです。

　そして、このような新しいコミュニケーション環境に適応するため、若者はテクニック

6章 若者文化とコミュニケーション―サブカルチャーと宮沢賢治を例に

やスキルを身に付けるわけです。それに関して電通若者研究部は、現代の若者のコミュニケーションの特徴として3つを挙げています。

第一に「**複数のキャラやアカウントの使いわけ**」です。その理由は、多くの他人、コミュニティに合わせてキャラを使い分けたほうが、コミュニケーションが円滑に進むからです。自分を相手に認識してもらうためのテクニックとしてキャラを使い分けています。

第二の特徴として、トラブルを避けるために使う若者特有のコミュニケーションテクニックとして「自分の意見をはっきり言うのは、〝わたし的に微妙〟」をあげています。若者は、「その場の空気を読んで、相手の様子を見ながら〝**ぼかし言葉**〟」の「微妙」などを、現代を生きるためのスキルとして使うというのです。

第三の特徴としては、「**正解志向**」という価値観を挙げています。「溢れる情報のなかから、まわりの『正解』をさがして、そこからあまり外れない言動を選ぶという特徴が強くなっている」という状況です。

そして、「私たち（WE）がどう思うかが価値基準であり、『WEの時代』に生きている」、これが現代の若者像であるとまとめています。

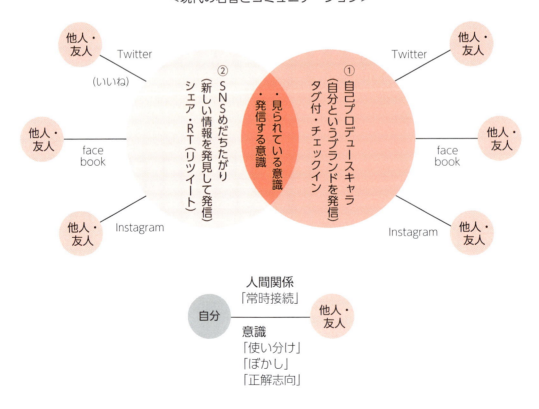

＜現代の若者とコミュニケーション＞

6章 若者文化とコミュニケーション―サブカルチャーと宮沢賢治を例に

6-2 現代のサブカルチャーとコミュニケーション

6-2-1 コミュニケーションツールとしてのサブカルチャー

　日本に「**サブカルチャー**」という言葉と概念が輸入されたのは、**1980**年代と言われています。既存の体制や価値観、伝統、主流文化に対する意味で使われ、かつて「80年代サブカルチャーブーム」がありました。当時のサブカルチャーには、現代と同様の漫画、アニメ、コンピュータゲームがあり、より幅広くSFやオカルトなども含まれていました。マイナーな趣味、特撮、アニメ、アイドルなどの趣味、大衆文化など、一部の集団を担い手とする文化、少数のサークルによる、いわゆる「若者文化」を指していました。「**少数者の趣味・愛好者**」の文化と言えます。その趣味や文化の愛好者たちは、基本的に別々の集団を形成していたのです。

　1990年代になると、「**メインに対するサブ**」という構図から、しだいに両者の境界が曖昧になってきました。また、小説や漫画などのコンテンツを原作として、映画化、ドラマ化、アニメ化、ゲーム化という「**メディアミックス**」、つまり「**表現の多様化**」が始まり、サブカルチャーが変化しました。そして近年は、大衆文化や若者文化を指す「サブカルチャー」の語を略して「**サブカル**」と言い、サブカルチャーを愛し追求する若者を「サブカル系」「サブカル女子」「サブカル男子」と呼び、「サブカル音楽」「サブカル誌」などが流行しています。

　このようなサブカルチャーが、現代の若者においてコミュニケーションツールとなっているという傾向がみられます。その象徴的なのもが、**渋谷直角**の人気漫画『カフェでよくかかっているJ-POPのボサノヴァカバーを歌う女の一生』です[注6]。この作品を例に、若者たちがサブカルチャーをどのように使っているのか、どんなものを使っているのか、なぜコミュニケーションツールとして使うのかについて考えてみます。

　この作品集には、5つの短編が収録されています。そこにはサブカル（音楽、お笑い、写真、同人誌）を愛し、追及する20代・30代の男女の若者が、辛辣な風刺的漫画として描かれています。表紙の帯には「伝説のサブカル鎮魂漫画」、「この漫画で一度サブカルは

注6　渋谷直角（2013）『カフェでよくかかっているJ-POPのバサノヴァを歌う女の一生』2013年　扶桑社

6章 若者文化とコミュニケーション―サブカルチャーと宮沢賢治を例に

死ね！そして甦れ！」、裏表紙の帯には「自意識の不良債権を背負ったすべての男女に贈る」、「サブカルクソ野郎狂騒曲」などと記載され、過激なキャッチコピーで飾られています。

冒頭の表題作品は、夢を捨てきれず、「有名になりたい、手段は選ばない」というJ-POPのカバー曲デビューをめざす35歳の「ボサノヴァ女」が主人公です。この女性にとって「音楽」が友人や男性とのコミュニケーションツールです。相手に対して「ブスな女」「無能」という自意識過剰な性格です。第2作では、22歳の女性と交際するためにお笑い的コミュニケーションツールを使う、「お笑マニア」の小太りなバイト青年が描かれています。「みんなオレの『笑い』についてこれない」「おまえに『笑い』の何がわかる」と自己中心的な性格です。第3作は、43歳の小太りの女性と、22歳男性の「空の写真とバンプオブチキンの歌詞ばかりアップするブロガーの恋」が描かれています。この男性にとって「写真」「音楽」「ブログ」が、コミュニケーションツールです。「誰もオレのことをわかってくれない」「オレの世界に入ってくんじゃねーよ」と独特の世界観を持っています。第4作は、フリーライター志望のミニコミ青年が主人公です。独特の帽子を被る青年は、「インディーマガジン」（ミニコミ誌）の企画などをコミュニケーションツールとして使っています。しかし企画や交際していた女性を売れっ子ライター・編集者に奪われてしまいます。第5作は、『テレビブロス』（サブカルチヤー的情報雑誌）ファンの25歳女性が、男性遍歴を語る内容です。男性とのコミュニケーションツールは、「価値観はすべてブロスから」「ピピピクラブ目線」（読者投稿コーナー）、「ありえ〜る・ろどんの占い」（占星術師、TVブロス連載）と、ほとんど『テレビブロス』です。

この漫画に登場する若者は、頻繁に「**ブログ**」や「**ツイート**」を利用し、また異性とのコミュニケーションのためにサブカルチャーを使っています。そのサブカルチャーは、例えば、タイトルにある「バンプオブチキン」（ロックバンド）、「ダウンタウン」（お笑いコンビ）です。また、作品中にはサブカル的なアイテムとして、ポップカルチャーの総合情報雑誌『Brutus』、恋愛研究者の本『ANNA』、ロックバンドアルバム『くるりTEAMROCK』、音楽雑誌『JAPAN』、西光亭の『くるみクッキー』などが羅列され、企画として「ネオ・ネイチャーガール」「カメラ女子」があります。まさに「サブカル」と呼ばれる現代の若者を取り巻く日常の生活環境です。

また、ここに描かれる若者は、このようなサブカルチャーをツールとして、他者とのコミュニケーションにおいて「有名になりたい」「誰かに認めて欲しい」と、**承認を求める若者の姿（承認欲求）**です。そこには「サブカル」の内側に潜んでいる「スノビズム」（流行を追う俗物根性）や仲間内の閉ざされた世界における「自意識」が見え隠れしています。

6-2-2 若者へのメッセージとしてのサブカルチャー

　この渋谷直角の漫画は、他にも現代の若者とサブカルチャーにおける特徴を示していると言えます。それは、若者へのメッセージとしてのサブカルチャーです。

　第4作は、タイトルが『口の上手い売れっ子ライター／編集者に仕事も女もぜんぶ持ってかれる漫画（MASH UP）』です。この作品の構想は、「あとがき」に「リミックス的なモノ」「ブレンド具合」を「漫画でもできないかな」と思い、「イラストレーターの仲世朝子さんっぽいテイスト」と「最終的には**土田世紀**先生の『**編集王**』」とを「マッシュアップ」したと説明しています。そして、大好きな二人に「オマージュもできる」と思ったと述べています。

　「**オマージュ**」とは、尊敬して真似る、尊敬するクリエーターや作品に影響を受けて似たようなアプローチの作品を作るという意です。この手法は、最近のサブカルチャーに多く取り入れられています。

　渋谷直角の第4作は、この手法を用いて土田世紀の『編集王』の「第百五十五話、君と僕とあの頃」を「オマージュ」しています。『編集王』は、若い漫画編集者が主人公です。内容は、その編集者が、漫画家志望の青年と出会った頃の過去の話で、夢を失った青年との思い出が描かれています。青年は有名漫画家のアシスタントをしながら漫画家を志していたが、出版社の都合でデビュー直前に頓挫します。この挫折する青年の話を、渋谷は売れっ子ライター・編集者に、仕事も女も全部持っていかれる青年の話として「オマージュ」したのです。

　両作品には、相違や共通もあります。例えば、渋谷作品には、主人公とは別の悪役がいること、犬が解説すること、最後はハッピーエンドであることが付け加えられています。また、土田作品における漫画家志望の青年は「力不足」「修行が足りない」「未熟者」と言い、渋谷作品のライター志望の青年は「才能がない」とあり、共通して卑下しています。

　そして「オマージュ」の核心は、両作品のラストシーンにおいて**宮沢賢治**の詩「**告別**」を引用していることにあると思われます[注7]。

　渋谷直角は、詩「告別」の次の部分を引用して若者にメッセージを送っています。

　　「けれどもいまごろちゃうどおまへの年ごろで／おまへの素質と力をもってゐるものは／町と村との一万人のなかになら／おそらく五人はあるだろう／それらのひとのど

注7　『新校本　宮沢賢治全集　第三巻』1996年、筑摩書房

の人もまたどの人も／五年のあひだにそれを大抵無くすのだ／生活のためにけづられたり／自分でそれをなくすのだ／すべての才や力や材といふものは／ひとにとゞまるものではない／ひとさへひとにとゞまらぬ…そのあとでおまへのいまのちからがにぶり／きれいな音の正しい調子とその明るさを失って／ふたたび回復できないならば／おれはおまへをもう見ない／なぜならおれは／少しぐらゐの仕事ができて／そいつに腰をかけてるやうな／そんな多数をいちばんいやにおもふのだ／もしもおまえへが／よくきいてくれ／ひとりのやさしい娘をおもふやうになるそのとき／おまへに無数の影と光の像があらはれる／おまへはそれを音にするのだ／みんなが町で暮したり／一日あそんでゐるときに／おまへはひとりであの石原の草を刈る／そのさびしさでおまへは音をつくるのだ／多くの侮辱や窮乏の／それらを噛んで歌ふのだ…ちからのかぎり／そらいっぱいの／光でできたパイプオルガンを弾くがいゝ」

　この「告別」は、賢治が花巻農学校教師を依願退職する5か月ぐらい前に、音楽の才能を持つ特定の教え子に向けて作った別れを告げる詩と言われています。この詩には、「才能」「素質」「葛藤」「孤独」「侮辱」「窮乏」などへの言及があり、生きることの厳しさが表現されています。それは『編集王』では、漫画家になる夢を失った青年に対してであり、『口の上手い～』では、仕事も女も持っていかれたライター志望の青年に対してのメッセージとなっています。

　渋谷直角の引用部分（33行）には、相手に親しみを込めて「おまへ」と9回も呼びかけ、また相手に状況の原因や理由を解き明かすような気持ちで、断定の気持ちを込めて「のだ」を6回も用いていると考えられます。そして詩の最後で「～するがいい」と、相手にそのような状況になることが当然だ、望ましいという気持ちから提案を示し、自分の願望も強く表現しています。この詩「告別」は、他者との幸せな関係、愛情とは何か、生きるとは何かを問いかけていると言えます。特に「生活のためにけづられたり　自分でそれをなくすのだ」の表現に、相手に対するメッセージ、コミュニケーションの要素が凝縮された詩と理解できます。おそらく土田世紀の引用や渋谷の「オマージュ」は、この点にあったのでしょう。

　賢治の詩「告別」は、土田や渋谷のほかに、**村山由佳**の小説**『天使の梯子』**（2004年10月、集英社）に引用されています。そして、ここでもコミュニケーションツール、メッセージとして使われています。作品には、元高校教師の斎藤夏姫と教え子の古幡慎一が再会したことが描かれています。「告別」は、その高校時代の思い出の話にあります。かつて高校の授業で暗誦した「なぜならおれは」からの詩は、慎一から斎藤先生への「告白」

メッセージであったことが明らかになります。しかし、現在の状況における詩「告別」は、数日前に祖母が亡くなり、また美容師志望であるが挫折すると思い込んでいる慎一に対するものとなっています。詩を聞きながら「高校時代」や祖母が亡くなる「五日前のあの晩」に、時を「戻せるならどんなにいいかと思った」とあります。その詩のことは、2人で雲間から射す光、「天使の梯子」（天上から天使が行き来する梯子）を見ている場面で、夏姫が言い出しています。慎一は、その意味について詩の最後を唱え終わって、夏姫が「黙って窓の外を指さした」ことで理解します。「天使の梯子」を見ている夏姫と慎一とのコミュニケーションツールとして賢治の「告別」があり、ラストの「ちからのかぎり／そらいっぱいの／光でできたパイプオルガンを弾くがいゝ」に、メッセージが込められていたのです。

また、**平田オリザ**の小説『**幕が上がる**』（2012年11月、講談社）では、「告別」の全詩が引用されています。それは、高校教師を辞めて女優に戻る演劇部副顧問の吉岡先生から、演劇部長の高橋さおりに宛てた手紙にあります。そこには謝りの言葉、演出のことなどがあり、最後に詩「告別」が記してあったのです。ここでの詩「告別」は、高校を去っていく先生から、進路を決めていない3年生の高橋に対するメッセージとなっています。

さらに、詩「告別」は、映画『**モンスターズクラブ**』（2012年4月公開）においても使われ、重要なメッセージとなっています。この映画は、日本の社会システムの破壊をもくろむ、爆弾テロ犯の青年の人生を描く作品です。詩「告別」は、ラストに近いシーンで本箱の爆弾に内閣総理大臣宛ての声明文を入れたが、取り出して代わりに賢治全集の「告別」の章を破って入れる場面にあります。また主人公が、喫茶店でバイトをしている妹に電話して「ぜったいにあきらめるな、投げ出すんじゃないぞ、お前はそこにいろ」と伝えます。そしてラストシーンで、逃亡した主人公が渋谷の街で人の群れの中へと入って行き叫びます。その背後に「告別」がナレーションとして流れます。雪山にこもって孤独に爆弾を作り、標的に送り続けていた青年が、今までの孤独に浸っていた自分と決別して社会へと戻っていく決意なのか、愛する妹や社会に対してなのか、いずれかを暗示させるようなメッセージとなっています。

詩「告別」は、他のメディアにも使われています。音楽では、1999年5月に「**ザ・ブルー・ハーブ**」（札幌を本拠とするピップホップグループ）の「**AMENIMOMAKEZU**」のライブで、賢治の詩「告別」を読み上げています。

また、コミックでは、『**バーナード嬢曰く。②**』（2015年、一迅社）の十五冊目にある「宮沢賢治」の「コラム」に「告別」が記してあります。この作品は、本を読まずに読書家に見られたい女子高生が主人公で、名著礼賛のギャグが描かれています。作品中には、

6章 若者文化とコミュニケーション―サブカルチャーと宮沢賢治を例に

「雨ニモマケズ」や『春と修羅　第二集』の冒頭の詩が引用されています。「コラム」によると、作者の**施川ユウキ**は友達もなく、コンビニでバイトしながら漫画家を夢見ていたころに賢治の「告別」を知りました。まさに自分に向けられた詩だと思い、詩集を買って毎日持ち歩き、繰り返し読み、孤独な自分をひたすら慰めて暮らしていたとあります。驚くことに、「告別」を知ったきっかけは、当時読んでいた土田世紀の漫画『編集王』であり、「魂が揺さぶられるような感動を覚えた」と記しています。

　賢治の詩「告別」は、現代人へのメッセージ、その言葉は、今を生きる若者の心に響いているのです。

詩
ちからのかぎり
そらいっぱいの
光でできた
パイプオルガンを
弾くがい〻

「天使の梯子」現象

6章 若者文化とコミュニケーション―サブカルチャーと宮沢賢治を例に

6-3 若者を取り巻く多様化するサブカルチャー

6-3-1 多様化するサブカルチャー

　インターネットを中心としたサブカルチャーの分野において、多様化が急速に展開して、それを若者たちは受け入れ発信していると言えます。

　例えばその一つが、「**メディアミックス**」という手法の増加傾向に現れています。「メディアミックス」の本来の意味は、複数のマスメディアを組み合わせて展開する広告戦略です。近年は小説、漫画などのコンテンツを原作として、映画化、TVドラマ化、アニメ化、ゲーム化など別なメディアに展開する意味で使われています。それは特に、アニメ、マンガ、ライトノベル、J-POP、ボーカロイド、お笑いなどのサブカルチャーにおいて行われ、若者たちに支持されています。

　そして、映画やドラマ、マンガ、ゲームなどを小説化することを「**ノベライズ**」、マンガ化することを「**コミカライズ**」と呼びます。「ノベライズ」では、大ヒットしたアニメ映画『**君の名は**』(2016年8月公開)は、新海誠監督が自ら『**小説　君の名は**』(2016年、角川文庫)として執筆して大人気でした。新海誠は、映画製作と小説の執筆を同時に進めていたと明かし、映画は「身をゆだねるもの」、小説は「自ら入りこむもの」と語っています。この辺りに、若者が「ノベライズ」に好感を持つ理由があるのかもしれません。また、「コミカライズ」では、1937年の歴史的名著を2017年に漫画化した『**漫画　君たちはどう生きるのか**』(吉野源三郎、羽賀翔一、マガジンハウス)が有名です。古典的な児童向け教養小説で説いた「生きる意味」について、少年とおじさんとの心温まるやり取りを通じた漫画として描いたことで、平易になり容易に理解できたと思われます。

　さらに漫画のメディア化も多くみられます。例えば、今話題のドラマ化されたものでは『**聖☆おにいさん**』(中村光、講談社)、『**夕凪の街　桜の国**』(こうの史代、双葉社)、映画化された『**空飛ぶタイヤ**』(大谷紀子、池井戸潤)、『**銀魂**』(空知英知秋、集英社)、アニメ化では『**進撃の巨人**』(諫山創、講談社)、『**中間管理録トネガワ**』(萩原天晴他、講談社)など、数多くあります。

　全メディア化では、例えば、イラストや漫画を中心に投稿・閲覧して交流ができるソーシャル・ネットワーキング・サービスの「**Pixiv**」(企業、スローガンはお絵描きコミュニ

ケーションでもっと楽しくなる場所）から誕生した『**ヲタクに恋は難しい**』（ふじた、一迅社）があります。このラブコメディは、2014年に「Pixiv」に投稿を開始、2015年にはウェブコミック配信サイト「**comicPOOL**」で連載され、2015年に書籍化、2018年4月からはアニメ化されテレビ放送されています。

また、「**ボカロ**」（ヤマハが開発した音声合成技術・応用製品のボーカロイド）による「メディアミックス」も盛んです。例えば、バーチャルアイドルの初音ミクが歌う『**ハロー、プラネット**』などのボカロ曲が人気となっています。

さらに、ニコニコ動画やYouTubeで話題のボーカロイド楽曲を原作とした「**ボカロ小説**」も誕生しています。例えば、音楽家、小説家、脚本家の「じん」によるマルチメディアプロジェクト『**カゲロウプロジェクト**』が、2011年から発表した楽曲を元に、2012年に『**小説カゲロウデイズ**』（じん、エンターブレイン）を執筆しました。ネット世代を熱狂させた新感覚群像劇の小説版です。そして2012年7月『**漫画カゲロウデイズ**』（作画佐藤まひろ、メディアファクトリー）、2014年『**アニメ　メカクシティアクターズ**』（監督八瀬祐樹）、2016年『**映画カゲロウデイズ－in a days－**』（監督しづ）と続きます。若者たちにとって、楽曲と小説、漫画、アニメ、映画など、メディアを横断することで、より多角的に音楽と物語世界が楽しめることが魅力です。

そしてもう一つは、「**二次創作**」の人気です。「**コミックマーケット**」の開催などで注目されている「**同人誌**」において活発化しています。

また、動画サイトの登場があります。「**ニコニコ動画**」は、サイト上に直接アップロードされた動画をコメント表示と投稿機能を通して視聴させ、閲覧者は再生中の動画画面上にコメントを書き込み、共有することができます。このような動画共有サイトの登場により独創的文化、いわゆる「二次創作文化」や「**コメント文化**」が生まれました。その「ニコニコ動画」には、既存の動画を切り貼りして別の新しい作品を作るという手法の「**MAD動画**」が数多く投稿されて人気です。また、「ニコニコ生放送」での、リアルタイムで配信される映像を視聴しながら、コメントやアンケートの交流を楽しむ**ライブ配信**も盛んです。

そこには、「**発信する意識**」と「**見られている意識**」の両方を保有しながら、自分自身のブランドを保つための仕組み・道具として、「LINE」や「Facebook」のようなSNS、ネットを活用する現代を象徴する若者の存在があります。その背景には「注目を浴びたい」という「承認欲求」があります。最近では、女子中高生に人気の「**MixChannel**」における、新しい動画コミュニケーションが登場しています。「ミックスチャンネル」は、スマートフォン1台で簡単に10秒の短編動画を撮影、編集し、ライブ配信、視聴や動画編集、

投稿などができるコミニティアプリです。この動画コミュニケーションは、若者が「YouTube」などの見るという「受け手側」から、撮影・編集・配信という「送り手側」に変わりつつあることを示唆しているように思われます。そしてまた、SNSへの写真や動画の投稿、ライブ配信におけるITリテラシーの重要性を物語っています。

6-3-2　サブカルチャーとしての宮沢賢治

　サブカルチャーの多様化のなかで、日本のサブカルチャーを支えてきた雑誌は、2000年代になり相次いで休刊・廃刊となりました。そして、サブカルチャーの内容やその受容にも変化が現れました。ここでは、一つの例として、最近人気である宮沢賢治のサブカルチャーとしてのあり方とその受容について考えます。結論的には、最近のサブカルチャーにおける賢治や作品にも「メディアミックス」や「二次創作」による多様化が進み、若年層を中心にその需要が高まっていると言えます。そして、そのことにより価値観の多元化も見られます。

　「**メディアミックス**」としての賢治の映画化は、1939年『**風の又三郎**』（島耕二、日活）が最初であり、作品に基づくものは1991年『**風の又三郎・ガラスのマント**』（伊藤俊也、松竹）です。

　漫画化は、早くに1971年「**どんぐりと山猫**」（『希望の友』永島慎二、潮出版）があり、その後1983年5月「**セロ弾きのゴーシュ**」（あすな・ひろし、潮出版）から1987年4月「**水仙月の四日**」（松本零士、潮出版）まで、月刊漫画雑誌『**コミックトム**』が23作品を掲載して、漫画化に重要な役割を果たしています。

　最近では、読者層を限定したものが出版されています。例えば年少者を対象として2015年に「マンガジュニア名作シリーズ」の『**銀河鉄道の夜**』（木野陽、学研教育出版）があり、2017年に「オールカラーイラスト入り10歳までには読みたい日本名作シリーズ」の『銀河鉄道の夜』（学研）など、ジュニア向けが出版されています。また、女性漫画家による若い女性読者層をターゲットにしたものが登場しました。2016年6月に『銀河鉄道の夜』（北野文野）、『**セロ弾きのゴーシュ・蛙のゴム靴**』（ノセ　クニ）、『**風の又三郎**』（原田梨花）、『**注文の多い料理店・ドングリと山猫・双子の星**』（朔野安子）が、『マーガレットコミックス』（集英社）から出版されています。

　さらに、ますむら・ひろしにより『銀河鉄道の夜』のキャラクターをネコ化した作品も登場しました。ますむらは、1983年9月から1985年3月まで、「**賢治に一番近いシリーズ**」（朝日ソノラマ）で賢治の漫画化に努め貢献している漫画家です。1985年には、劇場

用アニメ『銀河鉄道の夜』(ますむらひろし・杉井ギサブロー) を公開、7月にアニメコミックスとして出版するなど、「メディアミックス」に先鞭をつけた一人です。その『銀河鉄道の夜』は、原作に忠実でありながらキャラクターのネコ化をした特徴的な作品です。

アニメ化の本格的なものは、日本のアニメ黎明期から関わる林重行の作品、1988年のアニメ映画『風の又三郎』(りん・たろう、マッドハウス) から始まります。その後は、1982年1月にアニメ映画『セロ弾きのゴーシュ』(高畑勲)、1993年アニメ映画『注文の多い料理店』(川本喜八郎) などが続き、2007年にOVA『銀河鉄道の夜[KAGAYA]』(CG)、2012年にアニメ映画『**グスコーブドリの伝記**』(杉井ギサブロー、) が続きます。

そのほか、ゲーム化では1993年に童話を題材にしたスーパーファミコン『**イーハトーヴォ物語**』(ヘクト) が出ています。また、賢治の童話・詩歌50作品が網羅された『**宮澤賢治木版歌歌留多**』(奥野かるた店) があります。さらに書籍を音声化した「**オーディオブック**」も数多く出ています。

全メディアミックス的なものは、『**半分月がのぼる空**』があります。2010年4月公開の『半分月がのぼる空』(深川栄洋) では、『銀河鉄道の夜』が少女と母親の関係性の象徴、少年と少女との絆の象徴として使われ注目を集めました。この作品は、2003年から2006年にかけて、ライトノベルの恋愛小説として発表され、その後に漫画、ドラマ、CD、アニメ、実写ドラマ、実写映画の5分野で作品化されていて、現代の「メディアミックス」の象徴とも言えます。

「**二次創作**」の先駆は、松本零士作のSF漫画『**銀河鉄道999**』(1977年) で賢治の原作に触発されたテレビアニメ番組、アニメ映画です。最近は、テレビで放送された短期ドラマシリーズ『BUNGO～日本文学シネマ』を映画化した『BUNGO～ささやかな欲望～』(2012年7月公開) の「見つめられる淑女たち編」に、原作の『注文の多い料理店』が使われています。内容的には、「原作とはかなり違い、ポップな印象を受けた」という感想が示されています。最も新しいものでは、風の子と勘違いされる女の子を主人公にした、2016年3月公開のアニメ映画『風の又三郎』(山田祐樹、武右ェ門) があります。

また、コンテンツを用いて「二次創作」をする作品が、インターネットの普及と共に増加の傾向にあります。例えば、作品の投稿・閲覧が楽しめる「Pixiv」(イラストコミュニケーションサービス) に投稿された賢治に関わる小説は、2018年6月で669件ほどです。「ニコニコ動画」の投稿における賢治関係は、『**銀河鉄道には乗らない**』(2016年、パロディ) など『銀河鉄道の夜』324件、『よだかの星』129件、『グスコーブドリの伝記』94件、『注文の多い料理店』75件、『星めぐりの歌』75件と多数です。ゲームソフト『イーハトーヴォ物語』106件もあります。このように「ニコニコ」は、単なるコンテンツの置

き場ではなく、コンテンツを消費者（ユーザー）がコメントなどで作り変えていく場でもあり、「コメント文化」のコミュニティと言えます。ユーザー主体のコミュニケーションの場であり、若者たちにとって格好の交流の場となっています。

音楽では、「ニコニコ動画」にボーカロイドの曲を投稿する「**ボカロP**」と呼ばれる人たちが大勢います。例えば、2010年に投稿された初音ミクが歌うボーカロイド楽曲『**ナキムシピッポ**』（作詞作曲ささくれP）が有名です。歌詞に「雨にも負けない　風にもまけない　そんなニンゲンに僕は為りたかったのです」とあるように、賢治の「雨ニモマケズ」をイメージしたとされていますが、歌詞内容は異なっていてオリジナル的です。しかし、「自己犠牲の精神をポップでわかりやすくした感じ」「勇気づけられる」「泣ける」「癒される」などと、それは視聴者の心に響き、多くの人々に受け入れられています。2013年には、ヴァーチャルシンガーの初音ミクと交響曲がコラボして、賢治の世界を表現した『**イーハトーヴ交響曲**』（冨田勲）が発表され、新時代の音楽作品として人気を博しました。

このように多様化するサブカルチャーと価値観の多元化のなかで創作された賢治と作品は、多くの人々に発信し、新たな賢治の世界を展開し、メッセージを送り続けています。

詩「生徒諸君に寄せる」は、2011年に映画『コクリコ坂から』（宮崎吾郎監督）の挿入歌「紺色のうねり」に、また2005年には、小説『魔王』（伊坂幸太郎、講談社）に使われ、メッセージを贈っています。

生徒諸君に寄せる

中等学校生徒諸君
諸君はこの颯爽たる
諸君の未来圏から吹いて来る
透明な清潔な風を感じないのか
それは一つの送られた光線であり
決せられた南の風である

諸君はこの時代に強ひられ率ゐられて
奴隷のやうに忍従することを欲するか

今日の歴史や地史の資料からのみ論ずるならば
われらの祖先乃至はわれらに至るまで

すべての信仰や特性は
ただ誤解から生じたとさへ見へ
しかも科学はいまだに暗く
われらに自殺と自棄のみをしか保証せぬ

むしろ諸君よ
更にあらたな正しい時代をつくれ

諸君よ
紺いろの地平線が膨らみ高まるときに
諸君はその中に没することを欲するか
じつに諸君は此の地平線に於ける
あらゆる形の山嶽でなければならぬ

（旧制盛岡中学校「校友会誌」に寄稿）

6章 若者文化とコミュニケーション―サブカルチャーと宮沢賢治を例に

6-4 流動化する人間関係に生きる若者とコミュニケーション

6-4-1 キャラ化する若者たち・キャラクターを読む若者たち

　コミュニケーション偏重の時代において、また、格差化する人間関係のなかで、若者たちは不安に駆られていると言われています。2010年11月の『朝日新聞』（22日朝刊）には「キャラ　演じ疲れた」の記事が載っています。これは、数年前から指摘されている学校空間における「キャラ」の問題です。友人とのコミュニケーションを円滑にするために、子どもたちは「**キャラ化**」し、「キャラを演じ」疲れているということです。

　また、先述した電通若者研究部の調査報告（2016年）でも、現代の若者コミュニケーションの特徴として、第一に「**複数のキャラやアカウントの使いわけ**」を挙げています。多くの他人やコミュニティに合わせてキャラを使い分けたほうが、コミュニケーションが円滑に進むからです。

　そのことに関して**土井隆義**は『**キャラ化する／される子どもたち**』において、複雑に絡みあう人間関係を生き抜くための戦略が「キャラ」であり、グループ内に配分された「キャラ」からはみ出すことも、「キャラ」がかぶることも、自分を危険にさらすため慎重に避けていると説いています[注8]。また**斎藤環**は『**キャラクター精神分析**』の「キャラ化する若者たち」で、教室空間における「キャラ」の成立を考える際に理解しておくべき背景として「**スクールカースト**」と「**コミュニケーション格差**」の2つがあると述べています[注9]。**森口朗**は『**いじめの構造**』（新潮社）で「スクールカーストを決定する最大の要因は『**コミュニケーション能力**』だと考えられる」と指摘しています[注10]。

　現代の若者は、異なったコミュニケーションの空間で、その都度相手や場面の空気に合わせてキャラを作り出し、演じることで、複雑な人間関係を生き抜いている現状があります。そこにはコミュニケーションの円滑化のメリットがあり、デメリットもあります。

　また、最近の若者は、文学に対する意識も変容して、「**キャラクターを読む**」と言われています。それに関して**千野拓政**（2012）は、若者の文学への対し方について、「テ

注8　土井隆義『キャラ化する／される子どもたち―排除型社会における新たな人間象―』2009年、岩波ブックレット
注9　斎藤環『キャラクター精神分析―マンガ・文学・日本人―』2014年　筑摩書房
注10　森口朗『いじめの構造』2014年　新潮新書

クストの読み方や、作品に求めるものが変化しつつあるらしい」、そして「その背後には若者の心の変化がある」と指摘しています[注11]。具体的には、「これまで文学テクストを読むとき、主にストーリーや作品に込められた思想、文体などを鑑賞してきた」が、「現在の一部の若者は、そうしたこととともに、あるいはそれ以上に、キャラクターを鑑賞することに重きをおくようになっている」と説いています。そして、その背景には、「若者のある種の孤独感や虚無感、閉塞感、あるいは社会との隔たり（社会に参画できるという思いの欠如といってもよい）があるように思われる」と述べています。

そのキャラクターに関して、**小田切博**は『**キャラクターとは何か**』において、キャラクターを構成する要素として「意味」「内面」「図像」があり、最大の特徴として「融通無碍な性格」をあげています[注12]。また**伊藤剛**は『**テヅカ・イズ・デッド**』で、「『キャラ』の存在感を基盤として、『人格』を持った『身体』の表象として読むことができ、テクストの背景にその『人生』や『生活』を想像させるもの」と定義づけています[注13]。そして伊藤は、「キャラ」にとって重要なのは、「横断性」であると言っています。

そこで、キャラクターを読む若者について、宮沢賢治がキャラクター化されて、各種の作品に登場することを例として考えてみたいと思います。例えば、2010年に刊行された小学上級から向けの『**宮沢賢治は名探偵**―タイムスリップ探偵団と銀河鉄道大暴走の巻―』（楠木誠一郎作、岩崎美奈子絵、講談社青い鳥文庫）では、東京の中学1年生の男女3人組が、明治43年の岩手県盛岡にタイムスリップし、盛岡中学2年生の賢治と出会い、一緒に宝石店の強盗団を捕まえる話です。いろいろなことに興味を持ち挑戦する賢治です。

また、2013年から刊行されている『**文豪ストレイドックス**』（朝霞カフカ、カドカワ）は、「異能力バトルアクション」漫画であり、登場する文豪がキャラクター化され、それぞれの文豪にちなむ作品名を冠した異能力を用いて戦うことを描いています。この漫画は2014年に小説化、2016年アニメ化、2018年映画化と「メディアミックス」されていて、多くの若者が受容しているという特徴があります。

ここに描かれる宮沢賢治の「図像」は、麦わら帽子をかぶり農作業着込んだ、幼い外見の14歳の少年です。探偵社に来る前は、電気も電話もない「イーハトーヴォ村」で、村人全員が顔見知りという狭いコミュニティで暮らしていました。そのため人を疑うことを知らず、素直な性格で「賢ちゃん」と呼ばれていました。しかし、武装探偵者の一員であ

注11　千野拓政（2013）「東アジアにおけるサブカルチャー、文学の変貌と若者の心―アニメ・マンガ・ライトノベル・コスプレ、そして村上春樹―」『早稲田大学総合人文科学研究センター研究誌』(1) 2013年10月
注12　小田切博『キャラクターとは何か』2010年　ちくま新書
注13　伊藤剛『テヅカ・イズ・デッド　ひらかれたマンガ表現論へ』2005年　NTT出版

り、怪力と頑丈な体を得る異能「雨ニモマケズ」を有しています。その能力は空腹時しか発揮されません。この賢治のキャラクターには、みんなの貧困の解消・幸せのために働いく純粋で天真爛漫な賢治があります。

さらに、2012年の少年漫画、バトルアクション『**月光条例**』（藤田和日郎、小学館）にも賢治が登場します。この作品は、過去の作品のキャラクターやデザインの流用が多く登場する特徴があります。作品では、「センセイ」とあり、名前は出てきませんが誰もが賢治であるとわかる設定です。病気であり、月と話ができる元教師。チェロが弾け、詩や物語を創作。貧しい人を救いたい、自分より人のためにという信念で、デクノボーになりたい。実家は裕福だが、家業は継がない。性格は温和であるが、自虐的で悲観的。黒い丸帽子に黒い外套姿。ここに描かれる「図像」や「内面」は、ほとんど人物事典などで紹介されているようなことですが、「センセイ」は、不可思議な力を持つ「条例執行者」というキャラクターとなっています。

さらにまた、2016年11月から「DMM.com」でサービスが開始されたブラウザゲーム『**文豪とアルケミスト**』にも、賢治は登場します。「アルケミスト」という特殊能力者が、文学書を守るために文学の持つ「力」を知る「文豪」を転生させ、それを使い「本の世界を破壊する浸蝕者」を追伐させるという内容です。その「特殊能力」を有する文豪の一人が賢治のキャラクターです。プロフィールには、精神「やや安定」、派閥「なし」、文学傾向「童話」、趣味嗜好「春画の収集」、教育的支配的大人には、「反発」などの「内面」が紹介されています

これらの作品の作者たちは、賢治を個性的なキャラクターとして自由に描いています。愛読者は、キャラクターの持つ「不思議な力」とその働きに注目していると考えられます。また、さまざまな人生を送る賢治に「共感」を覚えると思われます。自分は現実の世界に生きているが、反復可能な世界に生きるキャラクター賢治、ここに若者たちは魅力を感じているのではないでしょうか。一つの生しか送れない若者たちは、「孤独感や虚無感、閉塞感、社会との隔たり」を感じつつ生きているが、キャラクーは自分とは違う**複数の生**を送ることができます。ここにキャラクターを読む理由の一つがあると考えられます。

このことは、価値観の多元化によって流動化した人間関係のなかで、それぞれの対人場面に適合したキャラを演じて、複雑化した関係を乗り切ろうとする若者の心性と通底していると思われます。

6-4-2 「つながり孤独」と若者たち

　最近の若者が、**友人の視線**を強く意識する傾向にあることは、しばしば指摘されています。**北田暁大**（2013）に、そのことに関しての「若者文化とコミュニケーション」調査報告があります[注14]。調査データでは、他者指向的な性向を示すと考えられる「他者からの評価を考えながら行動する」（67.5％）、「自分についてのうわさに関心がある」（66.9％）という肯定的回答があります。また、その一方で「友たちというより、ひとりでいるほうが落ち着く」（67.5％）、「友だちとの関係はあっさりしている」（63.8％）という肯定的回答があります。しかし、一見矛盾するような「友だちといつも連絡をとっていないと不安になる」（86.6％）という肯定的回答があります。また、友人関係の特徴として「切り替え指向」、「遊ぶ内容による友人関係の使い分け」（75.1％）という肯定回答があります。

　先述した電通若者調査部の報告（2016）に、SNSによる大きな変化として「人間関係が切れなくなった」「つながりが常時接続」が指摘されていました。北田の調査によると、友だちが気になるため、いつもつながっていたいが、その関係は浅くして、また他方面に使い分けたい、ということです。

　その理由に関して**木村晶子**（2016）は、ネットで「つながっていなければ不安になる心」の背景には、「**ヨコ社会における若者たちの不安**」や「**絶え間ない承認願望**」があると指摘しています[注15]。また、コミュニケーションの主たる目的は、「互いに触れ合うこと」にあり、「自分のいる環境を安全に保つためは多くの承認が必要であり、それによって自分自身も安心を得られるような手段を取っている」と説いています。

　北田の説く「切り替え指向」「遊ぶ内容による人間関係の使い分け」は、電通若者調査部の調査報告にあった若者の特徴「複数のキャラやアカウントの使い分け」や先述した「キャラ化する、される子どもたち」につながることです。確かに、友人やコミュニティに合わせて使い分けたほうが、コミュニケーションが円滑に進みます。また、友人関係や写真、投稿内容によって各種の「タグ付け」をすることに類似していると考えられます。

　最近2018年7月25日に、NHKクローズアップ現代において「〝つながり孤独〟を感じる若者」が急増しているという番組が放映されました。TwitterやFacebookなどのSNSが急速に普及するなか、〝多くの人とつながっているのに孤独〟を感じる若者が増えている現状があります。「SNSで友だちの暮らしを見て劣等感を感じる」「SNSでのつながり

注14　北田暁大他6名（2013）「若者のサブカルチャー実践とコミュニケーション—2010年練馬区『若者文化とコミュニケーションについてのアンケート』調査」、『東京大学大学院情報学環情報学研究、調査研究編』29、2013年3月

注15　木村晶子「現代の若者たちの人間関係」『人間生活学研究』第23号、2016年3月

の薄さに孤独を感じる」「つぶやきにフォロワーが反応してくれない」「誰かに気にかけて欲しい」などの声が寄せられています。そこには「本音を言えない若者」がいました。

　「**つながり孤独**」は個人として自由に人とつながることを求めてきたことの、自由と引き換えに抱え込むことになったと考えられ、若者だけの問題ではないとも言っています。イギリスでは、「孤独」をすべての世代に関わる深刻な問題としてとらえ、そのことを語り合うイベントの開催も始まっているとの紹介もありました。

　つながり孤独に悩み、コミュニケーションが取れない若者が増えていることも大きな課題です。

7章

国際的コミュニケーション能力の重要性
―次世代の日本を強くするには？

7章 国際的コミュニケーション能力の重要性―次世代の日本を強くするには？

7-1 国際的に通用できる人間になるには ―薬理学者として

❶ 人脈の形成の必要性

現在の厳しい競争社会で勝ち抜くためには、強固な人脈の形成が必要です（図7.1.1）。時間はかかりますが、自分の立ち位置を明確にし、他分野とのコラボレーションにより、行動範囲を少しずつ拡大するよう毎日努力していけば、いずれ成し遂げられます。

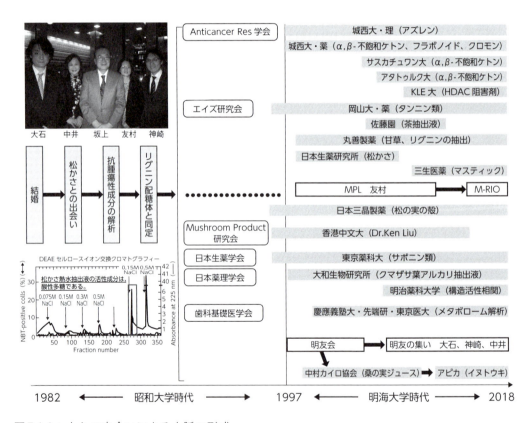

図7.1.1：人との出会いによる人脈の形成

❷ 自分の得意分野を見つける

意外に自分の身近なところに**ライフワークの種**が潜んでいる場合があります。掘り出

し物を見つける才能とか、運よく見つけたもののことを**セレンディピティ**（serendipity）といいます。我々が大発見をするためには、未知の世界に何度も何度も挑戦することが必要です。大発見をする確率は、挑戦する回数と相関します。教授から与えられた研究テーマに再現性がないときでも、すぐに別の研究テーマに変えずに、その原因を調べて行くうちに、新しい事実に気づくことがあります。周囲の情報に左右されず、ひたすら研究に没頭すると、それが自分の得意分野になり、永遠の独創的な研究テーマがみつかる場合もあります。新しい発見をしたら、すぐに特許を取得するべきです。若い研究者にとって、特許は将来の研究の生命線になり、自身の研究を守る最大の味方になります。

❸ アイスブレークから始まる人脈の形成

　自分の発見をインターネットで発信し、世界の同業者の関心を引くことが重要です。また、学会や懇親会は自分の研究をアピールし、多く共同研究者と知り合う絶好のチャンスです。そこでは、**アイスブレーク**、すなわち、緊張をときほぐしたり、集まった人を和ませたりして、双方向のコミュニケーションがとりやすい雰囲気を作りだすことが重要です。

❹ 出会いの不思議さ

　勇気をもって積極的に話しかけてみると、偶然、共通の事実、人物、場所、イベントなどが見つかり、人生を楽しいものに変えてくれます。このような偶然は、誰しもが同じ確率で経験するはずです。ヒット率が増加すると、偶然の出会いのチャンスも指数関数的に膨れあがります。

例	共通点
1	招待された植樹祭の日は、専務O氏と私の誕生日だった。そしてO氏と私は同じ名前だった。この話を明海大学歯学部のN先生、O先生に話したところ、この2人の誕生日も同じであった。
2	学会出張の折、乗ったタクシーの運転手の息子は、大学時代の後輩だった。
3	学会出張中にタクシーの相乗りをした立教大学理学部H教授は、私の弟と同じ蒲田にお住まいであることがわかり、その後Chapterを一緒に出版することになった。
4	A大学で開催された歯科理工学会の懇親会の楽しさを、学生Tに伝えたところ、Tの実家も、A大学の近所であった。
5	熱海を去る直前にモア美術館の場所をお尋ねした方のお連れは、昭和大学時代に同じアパートにお住まいのH先生だった。

例	共通点
6	日本薬理学会関東部会の懇親会で、S先生を昭和大学時代にお世話になったK名誉教授に紹介したところ、2人とも本籍は、佐賀県の武雄市であった。

❺ コラボの必要性

　研究費の獲得は、単独申請では難しくなっており、**共同研究チーム**としての申請に変わりつつあります。そのため、お互いに信頼できる仲間との分業体制で迅速に、プロダクツを生み出すことが必要です。中国では分業体制を回すスピードが速く、生産率は年々増加しています。資源の少ない日本は、中国との国際的な連携体制も必要になるでしょう（図7.1.2）。

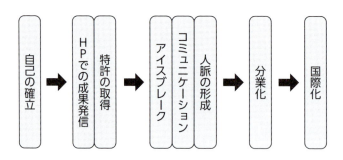

図7.1.2：自己の確立から国際的人脈形成までの道筋

❻ 成功するための心構え

　将来プロとして独り立ちするためには、失敗を恐れてはいけません。失敗を重ねれば重ねるほど、自分自身を強靭にし、自信が得られ、**オリジナリティー**が構築されていきます。時間を惜しんで、文献の読み方、研究の進め方、実験技術、そして英語論文の書き方を習得しましょう。独力で論文を最後まで完成させる能力を身に着けることです。このように逞しく育った学生は、よい就職口を見つけるでしょう。

　職についたら、組織の仕事と自分の仕事を両立させ、**同時進行**させることを心がけましょう。最初に取り組むべきことは、自分のアイデンティティーの確立です。時流に流されていてはいけません。明確な目標や仮説を設定し、努力し頑張り通せば、目標は必ず実現します。継続は力なりです。

7章 国際的コミュニケーション能力の重要性―次世代の日本を強くするには？

7-2 コミュニケーションの原型は細胞間・臓器間でもみられる －分子生物学者として

　私たち人間の身体は約37兆個の**細胞**が集まってできています。これらの細胞は270種類からなり、同じ種類の細胞が集まって組織を作っています。さらに組織が集まって肝臓や肺などの臓器・器官を作り、諸器官が集まって人間という個体になっています。人間の身体を会社に例えれば、270の部署や子会社を持ち、37兆人の社員をかかえる大会社です。この大会社を円滑に運営し、業績を伸ばしていくには、社員同士や部署同士、あるいは本社と子会社が情報を共有し、迅速な意思決定と伝達が重要です。

　多くの生物学研究から、身体の中でも細胞は、細胞間でコミュニケーションをとりながら臓器の一員としての役割を果たしています。また、臓器間でも絶えずコミュニケーションをとりながら個体を形成して、身体の健康を支えているのです。本節では、身体の中で行なわれている**細胞間・臓器間コミュニケーション**について紹介し、コミュニケーションの意義について考えます。

❶ 細胞間・臓器間コミュニケーション

　筋肉は細胞が何十個もくっついて、ヒモ状の細胞（筋線維）となり縮むことができます。この筋線維が集まって筋肉となり、一斉に縮むと、力こぶのようになって筋肉にくっついている骨を動かします。それでは筋肉に「**縮め**」と命令しているのはどこでしょう。それは大脳です。大脳の神経細胞は背骨の中の脊髄に伸びています。脊髄から筋肉にくっついている運動神経に電気信号が伝わり、筋肉が一斉に縮みます（図7.2.1）。どのくらい縮んでいるかは、筋線維にくっついている感覚神経の電気信号が脊髄を通って脳に報告し、

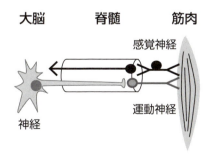

図7.2.1：神経伝達

筋肉は大脳から来る次の信号を待ちます。いわば有線の固定電話で指令と報告を直接コミュニケーションしているので、素早い対応ができるのです。

　もう1つの例は、細胞がホルモンという伝達物質を分泌して情報を伝達する方法です。私たちは食事をすると、血液のブドウ糖が多くなります。血液のブドウ糖が多くなると、**膵臓**から**インスリン**というホルモンが血液に分泌されます。インスリンは血流に乗って全身の細胞に届きます。インスリンを受け取った細胞はブドウ糖を取り込み、エネルギーを産生します。さらに、**肝臓**ではインスリン刺激で余ったブドウ糖を**グリコーゲン**として非常時に備えて貯蔵します。食事をしないで血液のブドウ糖が少なくなると、今度は膵臓から**グルカゴン**というホルモンが分泌されます。グルカゴンの情報を受け取った肝臓はグリコーゲンを分解してブドウ糖を血液に放出します（図7.2.2）。

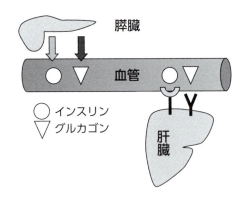

図7.2.2：内分泌

　すなわち膵臓と肝臓はホルモンを使ってコミュニケーションを行い、エネルギー源である血液のブドウ糖の濃度を調節しています。生体では環境に応じて健康バランスを保つように調節することを**恒常性**（ホメオスタシス）といいます。膵臓に限らず、身体の色々な臓器から約40種類のホルモンが分泌され、血液を流れています。それでは、すべての細胞がすべてのホルモンに反応するのでしょうか。細胞がホルモンの指令を受けるか受けないかは、ホルモンがくっつくアンテナ（**受容体**）を持っているかどうかによります。血液は身体の隅々まで流れているので、神経という配線を全ての細胞につなぐより情報伝達は簡単で効率の良い仕組みです。掲示板で知らせてもパスワードを持った関係者だけにしか情報が伝わらないのと同じです。糖尿病では、インスリン分泌の低下やインスリンの情報伝達がうまく伝わらないことで、ブドウ糖を利用できなくなり健康を害します。情報を送る側が掲示板に掲示するのを忘れたり、受け取り側が情報を見落としたり誤った解釈をすると、本来の目的が達成できないのと同じです。

7-2　コミュニケーションの原型は細胞間・臓器間でもみられる　－分子生物学者として

　最後に、細胞と近傍の細胞との情報伝達の例をあげます。細胞が持っているアンテナにくっつく因子を細胞自身が分泌して自分自身を調節する**オートクリン**（図7.2.3A）と分泌した因子が近くの細胞のアンテナにくっついて近くの細胞を調節する**パラクリン**（図7.2.3B）があります。前者は**自己啓発**に、後者は**グループミーティング**にあたります。また、正常細胞は隣の細胞と接触すると増殖が止まり（図7.2.3C）、成熟機能が現れる**分化型**（成熟型）に変わっていきます。ところが、癌細胞は接触阻害が効かなくなり、未分化型の癌細胞が無限に増えて組織を破壊してしまうのです。

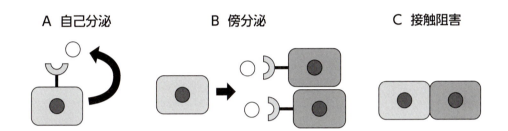

図7.2.3：細胞間情報伝達

❷ コミュニケーションの意義

　人間社会あるいは会社という組織における人間のコミュニケーションと身体の情報伝達のしくみには共通点が多くみられます。人々（社会）がコミュニケーションをとり、健全な社会秩序を保つのと同じように、細胞も絶えず情報を感知し、情報物質を分泌して情報交換（コミュニケーション）を行い、身体全体の恒常性を維持して健康を保っています。

　さらに、生物の情報処理には変化に対応する適応力があります。脳の神経細胞は、絶えず情報を感知することで神経と神経の伝達効率が変わり、効率の良い情報処理をする**可塑性**（学習）という能力を持っています。もう1つは、新たに異なる機能（**多様性**）を獲得することです。発生の過程では全く異なる細胞集団が接触することにより、両者に無かった新たな機能を持った細胞に分化することができます。このことは人間社会に例えるならば、コミュニケーションは単に秩序の維持のみならず、新しいシステムや**パラダイムシフト**（常識、概念、思考や価値観が大きく変わること）を生み出すきっかけとなることを想定させます。その方向性は様々な内因性、外因性刺激と個人の潜在能力や人々の叡智に依存すると思われます。

7章 国際的コミュニケーション能力の重要性―次世代の日本を強くするには?

7-3 国際社会を生き抜くためのコミュニケーション －経済学者として

　経済のグローバル化に加え、インターネットやSNSの普及により**国際コミュニケーション**が活発化する中、言語の重要性もますます高まっています。母語話者数の多い言語は、第1位が中国語（北京語）、第2位が英語、第3位がスペイン語です[注1]。その中でも、今なお最も重要性の高い言語は**英語**でしょう。英語は、米国や英国等の主要国の母語であり、国際連合等の主要な国際機関の公用語でもあります[注1]。

　言葉はコミュニケーションの手段だけでなく、その言葉を使う国々の文化そのものです。私が英国に留学した当初は英語が不自由で苦労しましたが、努力の結果、ロンドン大学で金融と経済の修士号、そして同国エセックス大学で金融の博士号（PhD）を取得できました。これは周りの人々に支えられ、また幸運に恵まれたおかげですが、様々な場面で積極的に人とのコミュニケーションを図ることを自分自身で常に心がけ、努力したことでもあります。

❶ 日本人はコミュニケーションが苦手?

　一般的に日本人はコミュニケーションが苦手だといわれています。海外でよく目にするのは、パーティ等で日本人が仲間同士で固まり、他国の人に近づこうとしない姿でした。この傾向には、主に2つの要素が影響しています。

　まず1つ目は**語学力**です。語学力に自信がないと、なかなか日本人以外の人に話しかけられません。しかし、たとえ言葉がたどたどしくても、思い切って話しかけてみると、相手は親しく話し返してくれます。そのおかげで相手と親しくなり、会話が増え、ひいては語学の上達につながります。

　2つ目は日本人特有の**性格**です。例えば、多くの人達が集まるパーティに行ったとします。1人でパーティに参加すると、自分の居場所がないように感じるでしょう。そのときあなたは、勇気を奮って初対面の人達に積極的話しかけ、関係を築こうとするでしょうか。

注1　坂上宏, 生宏, 大石隆介：国際的コミュニケーション能力の重要性―語学力は強力な武器になる. New Food Industry 第58巻（7）：81-94, 2016年.

7-3 国際社会を生き抜くためのコミュニケーション　－経済学者として

あるいは自分の知り合いを探しまわり、仲間同士で固まるでしょうか[注2]。私は、前者を**外向的社交力**、後者を**内向的親和力**のある人と呼んでいます。日本人には後者の割合が多いようです。それぞれ長所はありますが、コミュニケーションに関しては前者の方が向いているといえます。

❷ 留学で得るものは何か？

　私は、機会があれば**留学**をお勧めします。様々な国の人々と共に学び、活動することは、皆さんが考える以上に素晴らしいことです。語学の壁が立ちはだかり、最初は苦労するでしょう。しかし乗り越えられない壁はありません。私が大学院時代を過ごしたロンドンには、世界中から学生が集まっていました。当時、同じ学生寮で生活した2人の陽気なメキシコ人は、今でも機会があればメキシコに来るよう誘ってくれます。彼らのメキシコでの結婚式には、英国人、ポーランド人、オランダ人、そして日本人の私が招かれ、世界中の友人が幸せを祝いました。

　外国では自分の意見を理論的に、明快に主張することが大切です。外国では「**謙譲の美徳は存在しない**」と考えるべきです。私は留学時代に**恩師**と呼べる先生や共に学んだ学生仲間との出会いがありました。私の恩師、Giles Spungin,PhDは気鋭の経済学者です。私が博士論文を執筆するにあたり、テーマの選定や内容について示唆に富んだ多くの助言をしてくれました。氏は常に私の構想を問い、それについて自分の意見を述べ、さらにその意見に対する私自身の考えを求めました。コミュニケーションは必ず**2way**なのです[注3]。コミュニケーションに1wayはありません[注3]。そのことを、私は恩師、Giles Spungin,PhDとの経験から学びました。この**双方向のコミュニケーション**こそが、教えること、学ぶことの本質です[注3]。

　Giles Spungin,PhDは私にとって恩師の中の恩師、そして生涯の友です。この出会いと経験から、教職を志すようになりました。大学教員になってからも様々な出会いがあり、現在所属している明海大学経済学部でも素晴らしい先輩に恵まれ、支えられているのです。

注2　マーカス・バッキンガム＆ドナルド・O・クリフト：「さあ、才能（じぶん）に目覚めよう―あなたの5つの強みを見出し、活かす」田口俊樹（翻訳）．東京, 日本経済新聞出版社, 2001年．
注3　村上耕一・斉藤貞雄：「機長のマネジメント―コックピットの安全哲学（クルー・リソース・マネジメント）」東京, 産業能率大学出版部, 1997年.

❸ マーケティングとコミュニケーション

　コミュニケーションはビジネスの世界でも重要です。ドラッカーは企業の目的について**「利益を上げることではなく、顧客のニーズに応えることだ」**といっています[注4]。顧客のニーズに応えるためには、**不断のマーケティング**と**イノベーション**が必要です[注4]。マーケティングとは顧客のニーズを**的確にとらえる**こと、またイノベーションとは顧客のニーズを実現するために常に**改革**していくことです。

　自動車産業を例にとると、かつて米国のメーカーは巨大でスピードの出る自動車の開発を追求していました。ところが1980年代以降、顧客は燃費が良く、小回りの利く中小型車を求めるようになりました。GM、フォード、クライスラーは顧客ニーズへの対応が遅れた結果、燃費の良い日本車やドイツ車にトップの座を奪われました。現在では、顧客のニーズは燃費の良さと地球環境に対する配慮となり、排気ガスを出さない自動車が求められます。先日、ハイブリッドで先行していたトヨタも、排気ガスを全く出さない電気自動車にシフトしていくことを発表しました。

　このような顧客ニーズの変化を的確に把握し、それを実現させる者が勝者となり、その実現への過程が世の中をさらに進歩させる原動力になります。顧客の声を聴き、その声に応えるためには、高いコミュニケーション能力が必要です。ドラッカーのいうマーケティングは、すなわち、コミュニケーションなのではないでしょうか。

注4　P. F. ドラッカー：「マネジメント（エッセンシャル版）―基本と原則」上田惇生（編訳）. 東京, ダイヤモンド社, 2001年.

7章 国際的コミュニケーション能力の重要性—次世代の日本を強くするには？

7-4 通訳という仕事のやりがいと厳しさ －中国語通訳者として

世の中にはさまざまな職業、そして仕事がありますが、通訳とはいったいどんな職業で、何のために存在し、誰の役に立つのでしょうか。

❶ 通訳のふたつの形式と種類

通訳のやり方には、主に**逐次通訳**と**同時通訳**の2つがあります。逐次通訳は発言者が発言を終えたあとに通訳者が訳すもので、同時通訳は発言者が話し始めたらそれを素早く追うかたちで、できるだけ短いタイムラグで訳していきます。

また、通訳にはいろいろな種類があります。会議通訳、放送通訳、司法通訳、医療通訳、芸能通訳、スポーツ通訳、通訳案内士などです。職業ではありませんが、ボランティア通訳も、最近ではかなり盛んに行われています。

上述の種類のうち、私が主に行ってきたのが、会議通訳と放送通訳です。その2種類の通訳について見ていきましょう

・ **会議通訳**

会議といっても、分野も内容も多様です。会議通訳として最も代表的なのが、国際シンポジウムや企業内の社内会議です。通訳のやり方としては同時通訳の場合も、逐次通訳の場合もあります。初めて接する分野の会議通訳は、準備も念入りにおこなわなければならず、本番もたいへん緊張します。

・ **放送通訳とは**

日本や中国のニュース番組の収録、または生放送中に通訳を行います。私は生放送のニュース番組で同時で通訳をやっています。

❷ 通訳者に必要なスキル

　通訳者になるためには、まずは、興味のある言語についての初歩的な発音に触れたり、語彙を少しでも増やすことから始めたらよいと思います。テレビやラジオの語学番組を見たり聞いたりすることもおすすめです。

　ただし、職業とするには少なくとも2つの言語に精通し、高いレベルが求められます。母国語のレベルアップと外国語のブラッシュアップが必要不可欠です。そのため、ある程度長い年月がかることを覚悟しなければなりません。

　通訳者の役割は、「**言葉の架け橋**」となり、聞き手にわかりやすい訳語を届けることにあります。通訳者が必要なスキルはたくさんありますが、なかでも**発音**、**反応**、**語彙力**、**リスニング力**、**表現力**がとりわけ大事だと思います。2つの言語について、それらのスキルをどれだけバランスよく身に付けているかが問われます。

　同時通訳で一番難しいのは発言者の話すスピードに着いていきながら、正確に通訳することです。一方、逐次通訳では、発言者の話が長くなったときに、きちんとメモと記憶を使って、すべての内容を別の言語に訳すことができるかということです。

❸ 通訳の仕事を受ける流れ

　通訳者は、通訳派遣会社（通訳エージェント）に、フリーランスの通訳者として登録手続きをします。登録には、当該言語に関するレベルチェック、通訳経験の有無、得意分野などさまざまな要件があります。面談やトライアルもあり、条件に満たない場合、登録できないこともあります。

　晴れて通訳者としてエージェントに登録ができたら、メールや電話で少しずつ通訳の仕事の問い合わせが入ってくるという流れです。

　通訳者という立場を通じて、いろいろな分野や業界に直接、接することができ、さまざまな著名人や職業人の言葉に直に触れ、訳すことができます。それはたいへん豊かな人生経験といえます。

7章 国際的コミュニケーション能力の重要性—次世代の日本を強くするには？

7-5 日本語の母語話者としての力を伸ばす —ことばの研究者として

　国際的コミュニケーションというと、一般的に、外国の人たちと英語（あるいは、他の外国語）で話すことをイメージする人が多いかもしれません。本節では、**国際的コミュニケーション能力**が、実は私たちの母語である日本語の能力と深い関わりがあることを説明します。

❶ 母語とは何か

　そもそも、**母語**とはいったい何なのでしょう。それは、幼時からの生育環境のなかで自然な状態で習得される言語のことであり、**第一言語**と呼ぶこともあります。英語では、「mother tongue」あるいは「first language」といいます。一般的には、「母語」でなく「**母国語**」という表現が使われることが多いでしょう。日本では「母語」と「母国語」は同一視される傾向がありますが、「母国語」は母国の言語のことであって、母語と同じであるとは限りません。また、「母国語」という表現には国家意識が加わる点でも、「母語」と違いがあります。

　例えば、インドネシアの公用語はインドネシア語ですが、大部分のインドネシア人にとってインドネシア語は小学校に入ってから習う言語です。したがって、彼らにとってインドネシア語は母国語ではあっても、母語ではないのです。母語は、人によって、ジャワ語・スンダ語・マドゥラ語・ミナンカバウ語など、それぞれの地域で話されている地方語なのです。

❷ 母語は精神そのもの

　井上ひさし著の『**日本語教室**』（新潮社）には、「言葉は道具ではない。第二言語、第三言語は道具だが、母語は道具ではない。精神そのものである。したがって母語以内でしか別の言葉は習得できない」と記されています。さらに、同氏は「母語より大きい外国語は覚えられない。つまり、英語をちゃんと書いたり話したりするためには、英語より大きい母語が必要なのだ。だから、外国語が上手になるためには、…日本語の構造、大事なと

ころを自然にきちんと身につけていなければならない」とも述べています。

例えば、外資系企業への就職を希望する人は、エントリーシートや面接で、志望動機や自己アピールを英語で話したり、書いたりすることになるかもしれません。そのような場合、「英語だから難しい」と思いがちですが、実は、「日本語であっても難しい」場合が少なくありません。なぜその企業への就職を希望するのか、なぜ自分は〇〇だという点が優れていると思うのか、しかるべき根拠を提示したうえで、まず、母語である日本語を用いて適切に「**ことば化**」できるかが問題なのです。ただし、決して「英語で直接考えるな」と言っているわけではないので、誤解のないようにしてください。

志望動機や自己アピールについて、頭の中でただ漠然と考えているとします。日本語であれ、英語であれ、就職活動のエントリーシートや面接では、当然のことながら、自分だけでなく、他の人にも伝わる書き方・話し方をしなければなりません。自分のこれまでを振り返り、企業研究をしながら自己分析を繰り返すうちに、漠然としていた思考が少しずつ整理され、ことばになり、明確になっていくものです。

つまり、このような、思考をことば化するプロセスにおいて、仮に、母語である日本語によることば化がうまくいきそうにないのであれば、その範囲内でしか、英語によることば化も実現しないのです。

❸ 言語運用のメカニズム

母語によるコミュニケーション能力とは、どのような能力なのでしょうか。人と話す、メールでやり取りする、といった日常的な言語運用行為を、我々が母語においていかに簡単にやってのけているかということは、普段あまり意識されないかもしれません。しかし、同じことを外国語でやってみるとよくわかります。実に**不自由**です。当然のことながら、その外国語への習熟度によって個人差は大いにありますが、「**母語のようにいかない**」という点では共通しているといえるでしょう。そこで、ぜひ考えてみたいのは、なぜ不自由なのか、どのように不自由なのか、という問題です。

日常生活のなかで言語コミュニケーションがどのように進んでいるのか、そのメカニズムを意識することはほとんどないと思いますが、実は複数のプロセスが同時並行的に進行することで実現されています。

例えば、(1) の会話例を見てください。

7-5 日本語の母語話者としての力を伸ばす －ことばの研究者として

(1) 会話例

A　…で、いつやる？
B　来週のゼミのあとはどう？
A　いやぁ、その日はちょっと…。
B　あ、そうなんだ。

このような短い、何気ないやりとりにおいても、少なくとも (2) に挙げる4つのプロセスがほぼ同時進行で生じています。

(2) 4つのプロセス

a　相手の発話を聞いて意味を理解する。
b　相手の発話の意図を理解する。
c　どのように返答するかを考える。
d　自分が発話すべき内容を決めて返答する。

我々が母語でコミュニケーションする際には、(2) のような処理を意識することなく、ほぼ自動的にこなしていますが、外国語でのコミュニケーションにおいては自動性が極めて低くなります。これは、多くの外国語学習者が感じることだと思います。ただし、その自動性が**なぜ**、そして、**どのように**低くなってしまうのかを意識することは、一般学習者にはそれほど多くないかもしれません。

コミュニケーションにおける母語での自動性、外国語での非自動性については、おおむね次のように考えられます。母語によるコミュニケーションであれば、(2) のような多重処理のうち、a、dが自動化するので、b、cに集中できます。しかし、これが外国語になると、(2) に含まれる4つの処理をほぼ同時並行的に進めることが必要になるのです。

ここで再び、「言葉は道具ではない。第二言語、第三言語は道具だが、母語は道具ではない。精神そのものである。したがって母語以内でしか別の言葉は習得できない」という問題について、(2) に含まれる4つのプロセスと関連づけて考えてみます。母語によるコミュニケーションにおいて自動化されるa、d、すなわち「相手の発話を聞いて意味を理解する」「自分が発話すべき内容を決めて返答する」は、いわば**道具**としての**プロセス**です。単語や文法、発音などの学習を通して、この道具としてのプロセスを適切に処理する能力を身に付けようとすることが、一般的な外国語学習であるといえます。一方、母語によるコミュニケーションにおいても自動化されないb、c、すなわち「相手の発話の意図

を理解する」「どのように返答するかを考える」は、「**精神そのもの**」が関与して処理されるプロセスであるといえるでしょう。

❹ 国際的コミュニケーション能力と母語の関わり

　母語の運用力と国際的コミュニケーション能力には深い関わりがあります。まずは、母語である日本語を「**自分の軸**」として、しっかり持つことが大切です。そこから他の言語の構造や表現、発想の違いなどを観察することによって、ことばの背景にある文化や社会のしくみなどに対する理解が深まります。「**ことば**」という分野は人間の本質に深く関わっています。ことばについて学ぶことは人間の本質を探り、文化や社会について理解を深める行為であるからです。

索引

数字・英字

2次元配列 42
2進法 38
3次元配列 42
5つのS 81
8進法 38
10進法 38
16進法 38
ALU 27
AMENIMOMAKEZU 137
bit 38
CAVIN 117
CPU 26, 27
DoS攻撃 52
facebook 46
GUI管理プログラム 34
HMD 117
IDS 56
IPアドレス 56
LSI 26
n進法 38
PM理論 18
PortScan 52
RAM 26
ROM 26
SmartArt 62
SNS 44, 130
Twitter 44, 130
Vision 109
Visual 109
VR映像 116
VRシステム 117
VRモニター 122
Windows Defender 54
YouTube 130

あ行

アーサー・コナン・ドイル 101
アイコンタクト 15
挨拶 13
アイスブレーク 151
アクセス管理 55
アクセス権限 52
アプリケーションソフトウェア 24, 31
アルタミラ地方の洞窟 108
暗号化 55
暗証番号 58
アンチウィルスプログラム 53
アンテナ 154
イーハトーヴォ物語 142
石ノ森章太郎 94
インスリン 154
インドネシア 90
ヴァルト・ルトマン 113
ウィルス感染 56
ウィルス対策ソフト 53
ウィルスチェックサービス 53
浮雲 88
動くイメージ 111
裏口 56
運動視差 119
映画演出 112
映像 108
映像コミュニケーション 114
映像表現 114

エセオタク 129
遠近法 119
演算機能 25
演算装置 24, 26, 27
演算部 25
応用ソフトウェア 24, 31, 32
オーディオブック 142
オートクリン 155
オートコンプリート機能 58
奥行情報 119
オスカー・フィッシンガー 113
オタク 129
オプティカル・フロー 124
オペレーティングシステム 30, 32
オマージュ 135
オリジナリティー 152
オリジナル性 16

か行

絵画 108
会議通訳 159
改ざん 51
概要設計書 36, 37
会話 14
学生 66
カゲロウプロジェクト 140
重なり 119
箇条書き話法 20
風の又三郎 141
可塑性 155
カメラ 108
観察 101
管理プログラム 33, 34
記憶機能 25, 26
記憶の階層化 29
記憶部 25
機械語 30
幾何学的遠近法 119
記号の体系 37
木状リスト 43
基数 38
起動プログラム 30
基本ソフトウェア 24, 31, 32
君たちはどう生きるのか 139
君の名は 139
キャッチフレーズ 20
キャラ化 144
キャリア 10
キャリアアップ 10
キャリア教育 10
キャリアデザイン 10
協調性 12
共通鍵 55
記録 108
記録性 110
銀河鉄道の夜 141
筋肉 153
空気遠近法 119
グスコーブドリの電気 142
クラッカー 50
グリコーゲン 154
グループ討論 15
グルカゴン 154
グローバルコミュニケーション 94
言語プロセッサ 32, 34
検査 36

幻燈装置 111
攻撃者 50
恒常性 154
工場の出口 111
構造体 43
声 21
コード 37
語学力 156
五感で得た情報 16
告別 135
固定小数点 38
コミカライズ 139
コミックマーケット 140
コミュニケーション 10, 100, 128
コミュニケーション能力 11, 92
コミュニケーター 128
コメント文化 140
コラボ 152
コンパイルリスト 37
コンピュータ 24

さ行

サイバーテロリスト 50
細胞 153
サイボーグ009 95
サザーランド 117
雑談 100
サブカルチャー 133
三次元 122
シーケンシャル・アクセスタイプ 29
視覚化 98, 109
視覚情報 109, 118
視覚的構成 113
時空の光 108
自己PR 14
自己移動性自覚 124
自己投射性 122
視線合わせ 15, 21
質疑応答 15
躾 81
視点移動 121
指導力 18
志望動機 16
シミュレータPC 118
シャーロック・ホームズシリーズ 101
シャーロック・ホームズの思考術 103
社会常識 11
社会人 66
就活対策 11
就職活動における基本形 13
修正プログラム 56
集積回路 26
周辺装置 26
主記憶装置 24, 26, 27
出力機能 24, 25, 26
出力部 25
受容体 154
純粋映画 112
仕様 35
詳細設計書 36, 37
承認欲求 134
情報の伝達 100
ジョセフ・ベル博士 102
ジョブ管理プログラム 34
処理プログラム 33, 34
書類選考 14

165

索引

神経伝達 153
新人類 129
信頼感 21
数値 38
数値データ 40
スクールカースト 144
ストーリー性映画 112
スポーツの仕事 11
正解志向 132
制御機能 25
制御装置 24, 26, 27
制御部 25
脆弱性 56
清掃 81
生態学的知覚論 124
生徒諸君に寄せる 143
整頓 81
整理 81
世界一周旅行 95
セキュリティホール 56
セキュリティポリシー 57
設計 35
絶対映画 112
セレンディピティ 151
セロ弾きのゴーシュ 141
相互理解の重要性 98
掃除 81
総体 110
双方向リスト 43
ゾエトロープ 100
ソーシャルネットワーキングサービス 44
ソースファイル 37
ソースモジュール 37
即時性 115
ソフトウェア 24, 30, 32
存在の共有 91

た行・な行

第一言語 161
大陸魂 89
対話 96
多次元配列 42
多種多様な文化空間 89
タスク管理プログラム 34
多文化共生空間 89, 92
多文化コミュニケーション 90, 101
多民族 89
多様性 155
単眼性奥行情報 119
逐次通訳 159
中央処理装置 25, 26, 27
抽象映画 113
著作権侵害 58
ツイート 44, 134
ツイッター 44
つながり孤独 147
つぶやき 44
定義ファイル 53
ディスプレイ 117
定点記録映像 111
データ 37
データ処理プログラム 34
テクスチャー 119
デジタル技術 111
デバッグ 36
テレビ電話 114
同時通訳 159
同人誌 140
統率力 18
盗聴 51
時の記録 112
内分泌 154
なりすまし 51
ニーズ分析 35
ニコニコ動画 140
二次創作 140
入出力管理プログラム 34
入出力ポート 26, 27, 28
ニューヨーク 95
入力機能 24, 25, 26
入力装置 117
入力部 25
認証 55
ネガティブ 15
ネット電話 114
ネットワーク管理プログラム 34
能動的運動視差 123
ノベライズ 139

は行

バーチャルリアリティ 117
ハードウェア 24
ハードウェア管理プログラム 34
バイト 38, 40
配列 42
破壊 51
破棄 37
パケットフィルタリング 52
バス 27, 28
パスワード 55
パスワード管理 58
パソコン本体 27
ハッカー 49
バックドア 52
パッチをあてる 56
林芙美子 88
バラクリン 155
パラダイムシフト 155
春と修羅 138
バレエ・メカニック 113
汎用ソフトウェア 32
緋色の研究 101
光の鉛筆 108
ビジュアル 109
ビジョン 109
非数値 38
非数値データ 40
ビット 38, 40
ビットの長さ 40
表現の多様化 133
表現力 12
表情 22
ファイアウォール 52, 56
フェイスブック 44
フォロー 44
フォロワー 44
復号 55
輻輳 120
輻輳角 120
符号 37
不正侵入 56
浮動小数点 38
不変項 124
ブロードバンド 55
ブログ 134
プログラミング言語 36
プログラム 30
文化 128
壁画 108
ベクション 124
ヘッド・マウント・ディスプレイ 117
ポインタ 40
包囲光配列 124
防火壁 52
報告・連絡ができる人 13
放送通訳 159
ほうれんそう 60
放浪記 88
ぼかし言葉 132
ボカロ 140
ボカロP 143
母国語 161
ポジティブ 15
補助記憶装置 26, 28
保全 37
ホメオスタシス 154
本題 19, 100

ま行・や行

間 19
マイクロプロセッサ 25, 27
マシン語 30
マリア・コニコヴァ 103
マルウェア 54
マンガ 94
宮沢賢治 135
ムービング・テクノロジー 111
メディアミックス 133, 139
面接 14
メンテナンス 18
網膜像 119
モンスタークラブ 137
ユーザーID 55
ユーザーズマニュアル 37
ユーザープログラム 32
ユーティリティプログラム 32
ゆとり世代 129
要求 35
要求仕様書 37
要求分析 35
萬画宣言 94

ら行・わ行

ライフサイクル 34
ライブ配信 140
ライフワークの種 150
ラップス・コミュニケーション 114
ランダム・アクセスタイプ 29
リーダーシップ 18
リスト 42
リズム 113
リュミエール兄弟 111
両眼視差 119
両眼性奥行情報 119
レイテンシー 125
列車の到着 111
レファレンスマニュアル 37
漏洩 51
ロードモジュール 37
論理値 40

監修・編集・執筆

柴岡 信一郎（しばおか しんいちろう）
1977年生まれ。1999年、日本大学芸術学部卒業。2005年、日本大学大学院芸術学研究科博士後期課程修了。博士（芸術学）。同年、学校法人タイケン学園グループ副理事長。2008年、日本ウェルネス高校校長。2009年、タイケン学園大学設置準備室長。2012年、日本ウェルネススポーツ大学副学長。2014年、日本ウェルネス高校ゴルフ部を創部、部長として全国優勝5回・準優勝6回（2014-2017年）。同年、日本ウェルネス高校野球部部長。専門はメディア論、コミュニケーション論。著書に『報道写真と対外宣伝』（日本経済評論社）、『プレゼンテーション概論』（朝倉書店）、『メディア活用能力とコミュニケーション』（大学図書出版）他多数。

執筆

渋井 二三男（しぶい ふみお）
2、3章担当。明治大学大学院理工学研究科博士後期課程修了。工学博士。沖電気㈱エンジニア、東京大学生産技術研究所研究生、NTT武蔵野電気通信研究所研究員、放送大学メディア教育開発センター研究員、城西大学教授（薬学・現代政策・短期大学部）を歴任後、日本ウェルネススポーツ大学教授。専門は人工知能とネットワーク。著書に『AI白書 人工知能の技術と利用』（経産省、（財）日本情報処理開発協会）など。

山下 聖美（やました きよみ）
4章1項担当。2001年、日本大学大学院芸術学研究課博士後期課程修了。日本大学芸術学部文芸学科教授。日本近現代文学専攻。著書に『別冊100分de名著 集中講義宮沢賢治』（NHK出版）、『女脳文学特講』（三省堂）、『新書で入門 宮沢賢治のちから』（新潮新書）、『一〇〇年の坊っちゃん』（D文学研究会）、『検証・宮沢賢治の詩〈1〉』（鳥影社）など。

伊藤 景（いとう けい）
4章2項担当。日本大学大学院芸術学研究科博士後期課程芸術専攻。2014年、日本大学芸術学部文芸学科卒業。2016年、日本大学大学院芸術学研究科博士前期課程文芸学専攻修了。専門は石ノ森章太郎研究を中心としたマンガ研究。論文に「石ノ森章太郎論－「二級天使」より－」（『芸術・メディア・コミュニケーション 日本大学大学院芸術学研究科博士課程研究誌』15号、日本大学大学院芸術学研究科、2018年）など。

髙野 和彰（たかの かずあき）
4章3項担当。2017年、日本大学大学院芸術学研究科博士後期課程芸術専攻修了。博士（芸術学）。日本大学芸術学部文芸学科助教。日本ウェルネススポーツ大学別科講師、日本グローバル専門学校講師を経て、2019年より現職。専門は日本近代文学。江戸川乱歩を中心とした大正期・戦前期の大衆文芸、探偵小説、都市文化の研究に従事。日本文学協会会員。欧米言語文化学会会員。

李 容旭（り よんうく）
5章1、2節担当。東京工芸大学芸術学部教授。日本大学大学院芸術学研究科博士後期課程満期退学。2003年、東京工芸大学芸術学部映像学科専任講師。2013年、同教授、現在に至る。共著に『芸術メディアの諸相』（タイケン）、『メディア活用能力とコミュニケーション』（大学図書出版）など。他論文多数。日本映像学会クロスメディア研究会代表。

名手 久貴（なて ひさき）
5章3節担当。東京工芸大学芸術学部教授。博士（人間科学）。2001年、大阪大学大学院人間科学研究科博士後期課程修了。通信・放送機構（現情報通信研究機構）高度三次元動画像遠隔表示プロジェクト国内招聘研究員、東京農工大学産学官連携研究員、東京工芸大学芸術学部助手、講師、准教授を経て2016年より現職。立体映像観察時の視能研究等、立体視機能の研究に従事。

近藤 健史（こんどう けんじ）
6章担当。日本大学通信教育部教授。1981年、日本大学大学院文学研究科国文学専攻博士後期課程満期退学。生活学園短期大学専任講師、盛岡大学助教授を経て、1991年、日本大学通信教育部助教授。1997年より現職、2005年、日本大学大学院総合社会情報研究科教授。専門は上代文学、最近は宮沢賢治。著書に『万葉歌の環境と発想』（翰林書房）など。

坂上 宏（さかがみ ひろし）
7章1節担当。明海大学歯科医学総合研究所教授。明海大学理事。朝日大学理事。薬学博士。1980年、東京大学大学院薬学系研究科修了。同年、昭和大学医学部生化学教室助手。1982年、ロズウェルパーク記念研究所客員研究員。1986年、昭和大学医学部生化学講師。1996年、同助教授。1997年、明海大学歯学部薬理学分野教授。2017年より現職。『New Food Industry』、『In Vivo』誌 advisory board。研究テーマはポリフェノールの歯科への適応。

友村 美根子（ともむら みねこ）
7章2節担当。明海大学保健医療学部教授。医学博士。1989年、鹿児島大学大学院医学研究科修了。同年、同大学医学部助手。1996年、米国セントジュード小児研究病院研究員。1999年、理化学研究所脳科学総合研究センター研究員。2009年、明海大学歯学部准教授。2016年、同大学総合教育センター教授。2019年より現職。専門は生化学、分子生物学、神経科学。

大石 隆介（おおいし りゅうすけ）
7章3節担当。明海大学経済学部准教授。2006年、ロンドン大学クィーンメアリー校大学院MSc. in Investment and Finance修了。2007年、MSc. in Economics修了。2012年エセックス大学大学院 PhD. in Finance修了。専門分野はCorporate Finance。『New Food Industry』誌 advisory board。論文多数。

神崎 龍志（かんざき たつし）
7章4節担当。明海大学外国語学部中国語学科准教授。東京外国語大学外国語学部中国語学科卒業。サイマル・アカデミー専任講師。日中児童友好交流後援会理事。日中会議通訳者、放送通訳者。会議通訳歴28年、放送通訳歴8年。訳書に『東京の上海人』（東方書店）、共著に『中国語Q&A200』（アルク）、インタビュー記事『通訳者・通訳ガイドになるには』（ぺりかん社）。

中井 延美（なかい のぶみ）
7章5節担当。明海大学ホスピタリティ・ツーリズム学部准教授。モントクレア州立大学大学院言語学部応用言語学修士課程修了（MA in Applied Linguistics）。専門は言語学（意味論・語用論、日本語教育、英語教育）。リーハイ大学、駐日ノルウェー大使館等講師を経て現職。日本英語文化学会会長。著書に『必携！日本語ボランティアの基礎知識』（大修館書店）他論文多数。

執筆協力（2章、3章） ● 根岸昭子
　　　　　　　　　　● 森田貴大
装丁　　　　　　　　● 小野貴司
本文　　　　　　　　● BUCH⁺

はじめての「情報」「メディア」「コミュニケーション」リテラシー

2019年4月27日　初版　第1刷発行

監編著　　柴岡信一郎
発行者　　片岡　巌
発行所　　株式会社技術評論社
　　　　　東京都新宿区市谷左内町 21-13
　　　　　電話　03-3513-6150 販売促進部
　　　　　　　　03-3267-2270 書籍編集部
印刷／製本　図書印刷株式会社

定価はカバーに表示してあります。

本書の一部または全部を著作権法の定める範囲を超え、無断で複写、複製、転載、テープ化、ファイルに落とすことを禁じます。

©2019　柴岡信一郎、渋井二三男、山下聖美、伊藤景、髙野和彰、李容旭、名手久貴、近藤健史、坂上宏、友村美根子、大石隆介、神崎龍志、中井延美

造本には細心の注意を払っておりますが、万一、乱丁（ページの乱れ）や落丁（ページの抜け）がございましたら、小社販売促進部までお送りください。送料小社負担にてお取り替えいたします。

ISBN978-4-297-10491-7 C3055
Printed in Japan

本書へのご意見、ご感想は、技術評論社ホームページ(http://gihyo.jp/)または以下の宛先へ書面にてお受けしております。電話でのお問い合わせにはお答えいたしかねますので、あらかじめご了承ください。

〒162-0846
東京都新宿区市谷左内町21-13
株式会社技術評論社書籍編集部
『はじめての「情報」「メディア」「コミュニケーション」リテラシー』係

本書のご購入等に関するお問い合わせは下記にて受け付けております。
(株)技術評論社
販売促進部　法人営業担当

〒162-0846
東京都新宿区市谷左内町21-13
TEL：03-3513-6158
FAX：03-3513-6151
Email：houjin@gihyo.co.jp

本書の2章、3章は『楽しく学ぶインターネット体験』渋井二三男ほか共著（技術評論社）、『情報処理原論』渋井二三男編著（八千代出版）の内容を一部加筆・修正して作成したものです。